石油高等院校特色规划教材

油气田应用化学实验教程

（第二版）

严思明　陈　馥　赖南君　主编
段　明　主审

石油工业出版社

内 容 提 要

本书为油气田应用化学实验教材，共有九章，包括油气田的钻井液、完井液、压裂、酸化、堵水调剖、化学驱油、原油初步处理与集输、油田水处理、防垢与防腐等方面的实验内容。通过55个实验，介绍了油气田应用化学有关实验的实验原理、实验方法、实验基本步骤等内容。实验分为基础型实验、综合型实验、设计型实验、研究型实验、创新型实验五种类型，以供不同层次的实验教学选用。

本书可作为石油高校应用化学、石油工程、油气储运、环境工程等相关专业的本科实验教材，也可作为油气田现场技术人员及油气田应用化学研究人员的参考书。

图书在版编目（CIP）数据

油气田应用化学实验教程：第二版/严思明，陈馥，赖南君主编.
—北京：石油工业出版社，2023.1
石油高等院校特色规划教材
ISBN 978-7-5183-5846-5

Ⅰ.①油… Ⅱ.①严…②陈…③赖… Ⅲ.①油气田-应用化学-化学实验-高等学校-教材 Ⅳ.①TE39-33

中国版本图书馆 CIP 数据核字（2023）第 001977 号

出版发行：石油工业出版社
　　　　　（北京市朝阳区安华里2区1号楼　100011）
　　　　　网　　址：www.petropub.com
　　　　　编辑部：（010）64256990
　　　　　图书营销中心：（010）64523633　（010）64523731
经　　销：全国新华书店
排　　版：三河市聚拓图文制作有限公司
印　　刷：北京中石油彩色印刷有限责任公司

2023年1月第1版　2023年1月第1次印刷
787毫米×1092毫米　开本：1/16　印张：10.5
字数：267千字

定价：29.00元
（如发现印装质量问题，我社图书营销中心负责调换）
版权所有，翻印必究

第二版前言

油气田应用化学是化学应用于油气勘探开发工程中所产生的化学新分支学科，也是化学学科与钻完井工程、采油工程、油气集输工程、腐蚀与防护工程和油田水处理工程等学科相结合的一门应用型交叉学科。

油气田应用化学是一门工程性、实验性较强的学科。油气田应用化学实验是油气田应用化学研究的基本手段和教学内容的重要组成部分；同时，油田化学理论研究、油田化学新材料的研究、油田化学剂作用机理的研究等都需要相关实验技术支撑。油气田应用化学实验有其内在的规律和联系，显然，在石油高校人才培养过程中，需要全面反映油气田应用化学学科实验要求的、系统的实验教材。本教材是根据陈馥等主编的四川省"十二五"普通高等教育本科规划教材《油气田应用化学（第三版·富媒体）》的教学内容，结合石油工业发展需求、石油高校人才培养的要求、相关研究的最新成果、有专业关标准而编写的配套实验教材。本教材在注重现场生产需求的基础上，尽量反映油气田应用化学研究中的最新实验材料、实验方法、实验技术，不但可以用作《油气田应用化学》教材配套的实验教材供石油院校应用化学、石油工程、油气储运、环境工程、材料工程等专业的实验教学使用，也可作为油气田应用化学研究者和油气田现场技术人员的参考书。本教材编写中，实验的基本方法和程序尽可能地参考了最新的相关标准，这些标准随时都有可能被修订，使用者应探讨使用这些标准最新版本的可能性。

本次修订主要对第一版教材的章节进行了优化，对部分实验项目的实验方法进行了修订；为适应学生创新能力培养的需求，本次再版新增了创新型实验，可以作为课外开放性实验，供学有余力的学生进行探索、创新。

本书共分为9章，共55个实验，包括基础型实验、综合型实验、设计型实验、研究型实验和创新型实验，使用者可根据实际需要选用。本书由严思明、陈馥、赖南君担任主编，由段明担任主审，具体编写分工如下：第一章由张文、严思明编写，第二章由严思明编写，第三章、第四章由陈馥编写，第五章、第六章由赖南君编写，第七章由刘莹、严思明编写，第八章由卿大咏、柯强编写，第九章由严思明、陈馥、赖南君编写；全书由严思明进行统稿和修改。

本教材的出版得到西南石油大学化学化工实验教学中心（国家级实验教学示范中心）的资助，在此表示感谢！

油气田应用化学实验涉及的学科多、知识面广，由于编者水平有限，错误之处在所难免，敬请读者批评指正。

编者

2022年10月

第一版前言

油田应用化学是化学在石油勘探开发中应用所产生的化学学科的一个新的分支学科；主要研究石油勘探开发中所涉及的各种问题的化学本质、解决这些问题的化学方法和油田化学剂、化学工作液的功能以及作用原理和规律、油田化学理论等内容；其目的是研究如何利用化学的方法和手段、油田化学剂以及特殊的材料来提高石油勘探开发的速度、产量、采收率、经济效益。它是建立在化学（无机化学、有机化学、物理化学、高分子化学、表面化学等）、钻井工程、完井工程、采油工程、油气集输、腐蚀与防护和油田污水处理等基础学科上的一门应用型交叉学科。

油田化学剂、油田化学材料、油田化学工作液在石油勘探开发中已经起着工程和工具等手段不可替代的作用。油田应用化学不论是研究问题的化学本质，还是研究油田化学剂、油田化学剂和化学工作液的功能以及作用原理和规律、油田化学剂的实际应用、油田化学理论都是以实验为基础的，因此，是一门实验性较强的学科。油田化学实验是油田化学研究的基本手段，是油田化学教学内容的重要组成部分。随着石油工业的发展，一大批相关的标准和实验方法被确定下来，这些标准主要是为了满足生产的需要，但作为油田化学教学、研究和应用重要组成部分的油田化学实验，不但要满足生产实践的需要，还肩负着油田化学理论研究、油田化学新材料的研究、油田化学剂作用机理的研究等内容，油田化学实验有其内在的规律和联系，显然，是需要全面反映油田化学学科实验要求的实验教材。本教程的编者长期从事油田化学的理论教学、实验教学、科研和生产工作，根据普通高等教育"十一五"国家级规划教材《油气田应用化学》教材的内容和相关标准，结合工作经验和相关研究的最新成果，编写了本教程，旨在提供一本能较为全面反映油田化学学科发展、油田化学教学、油田化学理论研究和现场生产实际需求的实验教材。本教程在注重现场生产需求的基础上，尽量反映油田化学研究中的最新实验材料、实验方法、实验技术，不但可以用作石油院校应用化学、石油工程、油气储运等学科的专业教材，也可作为油田化学研究者和油田现场技术人员的参考书。本教程编写中，实验的基本方法和程序尽可能地参考了相关的标准，特别是国家标准和石油行业标准，这些标准随时都有可能被修改，使用者应探讨使用这些标准的最新版本的可能性。

为了尽可能全面地反映本学科的内容和本学科的发展趋势，实验分为基础型实验、综合型实验、设计和研究型实验，使用者可根据实际情况选择，设计和研究型实验也可用作课外开放性实验。

本书共分为十章，共44个实验，第一章由张文、严思明编写，第二章由严思明编写，第三、四章由陈馥编写，第五章由严思明、韩丽娟编写，第六章由韩丽娟、严思明编写，第七章由严思明编写，第八章由卿大咏编写，第九章由刘莹、严思明，第十章由柯强编写；全书由严思明教授进行统稿和修改。

本教程由陈大钧教授、叶仲斌教授审定；本教程的出版得到西南石油大学化学化工实验教学中心（国家级实验教学示范中心）的资助，在此表示感谢！

油田化学是化学和其他多门学科的交叉学科，其涉及的学科多，知识面广，由于编者水平有限，欠妥之处在所难免，敬请读者斧正。

编者

2010 年 9 月

目录

第一章　钻井液 ... 1
  实验一　常用水基钻井液的配制 ... 2
  实验二　水基钻井液的常规性能测定 ... 5
  实验三　现场钻井液的含砂量、膨润土含量测定 ... 10
  实验四　水基钻井液降黏剂性能评价 ... 13
  实验五　页岩分散性及页岩抑制剂评价 ... 15
  实验六　水基钻井液降滤失剂性能评价 ... 17
  实验七　钻井液包被剂抑制性评价 ... 19
  实验八　钻井液体系的设计与性能优化 ... 22
  实验九　钻井液润滑剂的制备及性能评价 ... 24
  实验十　钻井液用絮凝剂——聚丙烯酰胺钾盐的合成及性能评价 ... 26

第二章　固井水泥浆体系 ... 28
  实验一　水泥浆的配制及流动度、密度的测定 ... 29
  实验二　水泥浆体系流变性和游离液的测定 ... 32
  实验三　水泥浆体系失水的测定 ... 39
  实验四　水泥浆体系稠化时间和抗压强度的测定 ... 42
  实验五　固井水泥浆体系的设计与性能优化 ... 46
  实验六　油井水泥降失水剂的合成及性能评价 ... 49

第三章　压裂液 ... 52
  实验一　水基压裂液的交联与破胶 ... 52
  实验二　压裂液剪切稳定性和耐温性的测定 ... 55
  实验三　压裂液静态滤失、破胶性能和残渣含量的测定 ... 57
  实验四　有机硼和无机硼交联技术对压裂液的影响 ... 61
  实验五　水基压裂液体系的设计与性能评价 ... 63
  实验六　滑溜水压裂液体系的调配与性能研究 ... 65

第四章　酸化技术与酸化工作液 ... 68
  实验一　酸液的配制及缓蚀剂性能评价 ... 68
  实验二　酸液中铁离子稳定性及铁离子稳定剂性能评价 ... 74
  实验三　砂岩缓速酸的性能评价 ... 78
  实验四　变黏酸体系的设计与性能评价 ... 80
  实验五　碳酸盐岩酸压用变黏酸酸液体系的调配与性能研究 ... 82

第五章　化学堵水与调剖工作液 85
实验一　堵水剂的制备与性质 86
实验二　堵水剂效果评价 88
实验三　堵水、调剖体系的设计与性能评价 92
实验四　聚丙烯酰胺高温堵水剂的延缓交联技术研究 94

第六章　化学驱油 97
实验一　聚丙烯酰胺溶液浓度测定 98
实验二　驱替液筛网系数的测定 100
实验三　岩石渗透率的测定 104
实验四　岩心孔隙体积及驱替液阻力系数的测定 108
实验五　油水界面张力的测定 110
实验六　化学驱油体系的设计及驱油效果评价 113
实验七　驱油用抗温、抗盐疏水缔合聚合物的研制 115

第七章　原油的初步处理与集输 118
实验一　原油含水量的测定 119
实验二　原油运动黏度的测定 121
实验三　原油凝点的测定 125
实验四　原油破乳剂性能评价 127
实验五　原油防蜡剂性能评价 130

第八章　油田水处理及油田腐蚀与防护 133
实验一　分光光度法测定油田污水中的含油量 134
实验二　阻垢剂性能评价实验 137
实验三　油田用缓蚀剂的电化学评价 140
实验四　高分子共聚物阻垢剂的合成及阻垢性能评价 145

第九章　创新实验 148
实验一　钻井液抗高温降滤失剂的研制 148
实验二　二维、三维结构超高温油井水泥降失水剂的研制 150
实验三　环保型油井水泥减阻剂的研制 151
实验四　新型聚合物类油井水泥缓凝剂的研制 152
实验五　压裂用抗温抗盐稠化剂的研制 153
实验六　酸化用抗温稠化剂的研制 155
实验七　体膨型堵水剂的研制 156
实验八　驱油用超支化聚合物的研制 158

参考文献 160

第一章 钻井液

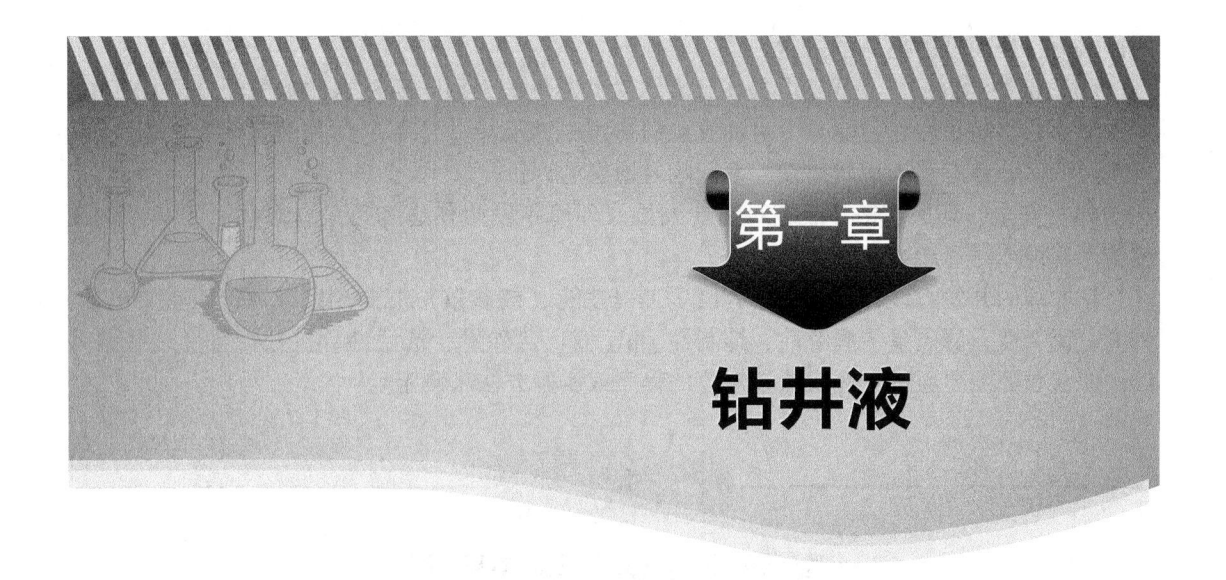

钻井液是指油气田钻井过程中以其多种功能满足钻井工程需要的一类入井循环工作流体的总称。钻井液又称为钻井工作液，在现场工作中通常简称为"泥浆"。钻井液一般是用膨润土（或有机膨润土）、各种处理剂、加重剂（通常称为分散相）与水、油、乳状液或泡沫等（通常称为分散介质）配制而成的流体；其各种性能可以通过对分散相、分散介质以及各种处理剂的选择和调整来改变，以满足钻井工程对钻井液各项性能的要求。钻井液的分类方法较多，通常按钻井液中分散介质的不同分为水基钻井液、油基钻井液、气基钻井液（泡沫钻井液）三大类型。钻井液技术是钻井液的开发、调配和应用中形成的各种技术的统称；钻井液技术是油气田钻井工程的重要组成部分。随着钻井难度的逐步增大，钻井液技术在确保安全、优质、快速钻井中起着越来越重要的作用。钻井液最基本的功能有：

（1）携带和悬浮岩屑。携带岩屑就是通过钻井液的循环，将井底被钻头破碎的岩屑携带至地面，以保持井眼清洁，使起下钻畅通无阻，并保证钻头在井底始终接触和破碎新地层，不造成重复切削，保持安全快速钻井。悬浮岩屑就是在接换钻杆、起下钻或因故停止循环时，钻井液中的固相颗粒不会很快下沉，防止沉砂卡钻等情况的发生。

（2）稳定井壁和平衡地层压力。井壁稳定、井眼规则是实现安全、优质、快速钻井的基本保证。性能良好的钻井液应能借助于液相的滤失作用，在井壁上形成一层薄而韧的滤饼，以稳固已钻开的地层并阻止液相大量侵入地层，减弱泥页岩水化膨胀和分散的程度，防止井壁垮塌。与此同时，在钻井过程中需要不断调节钻井液密度，使液柱压力能够平衡地层流体（油、气、水）压力，从而防止井塌和井喷等井下复杂情况的发生。

（3）冷却和润滑钻头、钻具。在钻井过程中钻头一直在高温下旋转并破碎岩层，产生较大热量，同时钻具也不断地与井壁摩擦而产生热量；通过钻井液不断的循环作用，将这些热量及时吸收并带到地面释放到大气中，从而冷却钻头、钻具，延长其使用寿命。钻井液的存在，使钻头和钻具均在液体中旋转，起到了很好的润滑作用，在很大程度上降低了钻具的摩擦阻力。

（4）传递水动力。钻井液在钻头喷嘴处以极高的流速冲击井底，从而提高了钻井速度和破岩效率。高压喷射钻井正是利用这一原理，使钻井液所形成的高压射流对井底产生强大的冲击力，从而显著提高了钻速。

（5）保护油气层。现代钻井技术还要求钻井液性能必须与所钻遇的油气层性质相匹配、滤失量小，以防止和尽可能减少对油气层的伤害；地质录井还要求钻井液无荧光或低荧光，所使用的钻井液有利于地层测试，不影响对地层的评价。

（6）安全、环保。钻井液应对钻井人员及环境不发生伤害和污染，对井下工具及地面装备不腐蚀或尽可能减轻腐蚀。

钻井液的开发、设计、应用中有诸多工程性能（或参数）需要测定或评价，主要包括：密度、流变性、滤失量、润滑性、抑制性、pH 值、含砂量、抗温性、抗盐性等。这些钻井液性能参数都需要通过专业仪器按规范的程序或实验方法来测定。

实验一

常用水基钻井液的配制

（基础型实验 3 学时）

一、实验目的

（1）掌握常用水基钻井液的配制方法及相关专业仪器的使用方法；
（2）理解各种材料在钻井液中的作用；
（3）了解钻井液的性能及影响因素。

二、实验原理

水基钻井液是应用最广泛的一类钻井液体系；水基钻井液（水基泥浆）是以水为分散介质，以膨润土、加重剂、处理剂为分散相的钻井液体系。根据所加的处理剂类型不同，水基钻井液分为磺化钻井液、聚磺钻井液、聚合物钻井液、氯化钾防塌钻井液、盐水钻井液、饱和盐水钻井液和海水钻井液等。

钻井液的配制是在机械搅拌下，使分散相（通常为膨润土或黏土）分散于分散介质（通常为水或油）中，并发生一系列物理化学作用后形成具有稳定性能的流体的过程。不同类型的水基钻井液通常是在基浆的基础上加入各种处理剂配制而成的。基浆通常是每升蒸馏水中加入 40.0g 钙膨润土及 2.40g 无水碳酸钠配制和老化而形成的溶胶—悬浮液。大部分处理剂的评价中对基浆的黏度、滤失等性能有一定要求，如果基浆不能满足要求，则需要适当调整膨润土含量以满足基本性能要求。

三、实验仪器及材料

1. 实验仪器

钻井液高速搅拌机；钻井液低速搅拌机；搪瓷量杯；量筒；pH 试纸。

2. 实验材料

膨润土；无水碳酸钠（Na_2CO_3）；NaCl；KCl；NaOH；降滤失剂，低黏羧甲基纤维素钠盐（Na-CMC-LV）；降滤失剂（PAC-LV）；降黏剂，磺化栲胶（SMK-1、SMK-2）；絮凝剂，部分水解聚丙烯酰胺（HPAM）；包被剂（FA-367）；降黏剂（XY-27）；加重剂（重晶石）。

四、实验内容及步骤

1. 淡水基浆的配制

用量筒量取 400.0mL 水于搪瓷量杯中，在低速搅拌下，缓慢均匀加入膨润土 16.0g 和无水碳酸钠 0.96g，继续搅拌 30min；将基浆转入高速搅拌杯中，再用高速搅拌机（图 1-1-1）在 11000r/min 搅拌 20min，其间至少停两次，以刮下黏附在容器壁上的膨润土；室温下密闭养护 16~24h，即为淡水基浆。

图 1-1-1 钻井液用高速搅拌机

2. 聚合物钻井液的配制

取配制好的基浆一份（400mL），按钻井液体积（mL）的 0.015%（固含量）加入 0.50%的 HPAM 溶液 12.0mL 到淡水基浆中（预先将 HPAM 配制成 0.50%的溶液），充分搅拌后，再加入 0.01%（固含量）的 4.0% XY-27 溶液 4.0mL（预先将 XY-27 配制成 4.0%的溶液），在低速搅拌机上搅拌 15min，即配制成不分散低固相聚合物钻井液。

3. KCl 防塌钻井液的配制

钻井液配方：自来水 400mL+0.20%纯碱+4.0%~5.0%膨润土+0.30%~0.50% XY-27+0.50%~0.60% PAC-LV+2.0%~3.0% SMK-1+0.30%~0.50% FA-367+0.10%~0.20% NaOH+5.0%~8.0% KCl+重晶石（根据密度需要调整）。

密度为 1.25~1.30g/cm³ 的 KCl 防塌钻井液的配制：取配制的基浆 400mL，按照钻井液体积（mL）的百分含量称取 0.40% XY-27（1.60g），0.50% PAC-LV（2.00g），2.0% SMK-1（8.00g），0.40% FA-367（1.60g），0.20% NaOH（0.80g）；在低速搅拌机连续搅拌条件下，按顺序缓慢均匀加入上述各处理剂，注意处理剂尽量加在钻井液流体中，避免加在搅拌轴上和搪瓷杯壁上，处理剂加完后继续搅拌 10min；称取钻井液体积（mL）6%的 KCl（24.0g），在低速搅拌下加入钻井液中；称取 120g 重晶石，在低速搅拌条件下缓慢均匀加入钻井液中，应避免直接倒入，以免重晶石沉底；在钻井液不溅出的前提下，用低速搅拌机以尽可能大的速度搅拌 20min，再转入高速搅拌杯内，用高速搅拌机以 11000r/min 搅拌 5min，即配制成氯化钾防塌钻井液。

4. 聚磺饱和盐水钻井液的配制

钻井液配方：自来水 400mL+0.20%纯碱+4.0%~5.0%膨润土+0.30%~0.50% XY-27+0.60%~0.80% PAC-LV+4.0%~5.0% SMK-2+0.50%~0.60% FA-367+0.20%~0.30% NaOH+32.0%~35.0% NaCl+重晶石（根据密度需要调整）。

密度为 1.55~1.60g/cm³ 的聚磺饱和盐水钻井液的配制：取配制的基浆 400mL，按照钻井液体积（mL）的百分含量称取 0.40% XY-27（1.60g），0.8% PAC-LV（3.20g），4% SMK-2（16.0g），0.60% FA-367（2.40g），0.2% NaOH（0.80g）；在低速搅拌机连续搅拌条件下，按顺序缓慢均匀加入上述各处理剂，注意处理剂尽量加在钻井液流体中，避免加在搅拌轴上和搪瓷杯壁上，处理剂加完后继续搅拌 10min；称量钻井液体积 35% 的 NaCl

（140.0g），在低速搅拌下加入钻井液中；称取 260.0g 重晶石，在低速搅拌条件下缓慢均匀加入钻井液中，应避免直接倒入，以免重晶石沉底；在钻井液不溅出的前提下，用低速搅拌机以尽可能大的速度搅拌 20min，再转入高速搅拌杯内，用高速搅拌机以 11000r/min 搅拌 5min，即配制成聚磺饱和盐水钻井液。

5. 实验现象的观察和记录

用广泛 pH 试纸测定各种类型钻井液的 pH 值并记录；观察各种类型钻井液的黏度、流动性等表观性能并记录。

五、实验记录及数据处理

（1）钻井液配方记录入表 1-1-1。

表 1-1-1 钻井液配制配方记录表

钻井液类型	配方组成

（2）钻井液性能记录入表 1-1-2。

表 1-1-2 钻井液性能记录表

钻井液类型	表观性能或现象	pH 值

（3）分析实验现象，讨论影响钻井液表观性能的因素。

六、安全提示及注意事项

（1）充分了解实验中所使用仪器、药品、试剂的安全、环境、健康方面的性质和要求，按实验室安全要求做好个人健康、安全防护。

（2）本实验涉及高速搅拌机，严禁违章操作，防止机械伤。

（3）实验中的"三废"物质分类收集，集中处理。

七、思考题

（1）钻井液分为哪几种类型？各种类型的钻井液有何特点？

（2）膨润土基浆配制过程中高速下搅拌20min和养护16~24h有什么作用？它们与膨润土的水化过程有什么关系？

（3）聚合物絮凝剂、聚合物降滤失剂和钙离子对钻井液性能有何影响？

实验二

水基钻井液的常规性能测定

（基础型实验　4学时）

一、实验目的

（1）掌握水基钻井液常规性能测定方法及相关专业仪器的使用方法；
（2）理解控制钻井液密度、流变性能、滤失性能的工程意义；
（3）了解钻井液的性能及影响因素。

二、实验原理

钻井液的密度、黏度、切力、失水等是钻井现场和钻井液处理剂研究、评价实验需要测定的基本参数。

钻井液的密度是指单位体积钻井液的质量，单位为 g/cm^3 或 kg/m^3，通常用密度计（图1-2-1）测定。密度计臂梁一端是固定体积的钻井液杯，臂梁另一端是固定平衡锤及一个可沿刻度臂自由移动的游码，臂梁上装有水准泡准确指示平衡。其测定原理是利用杠杆平衡原理测定固定体积钻井液的质量，仪器已经换算为可以直接读取密度值。

黏度和切力是与钻井液流动性（流变学）有关的量。测定钻井液黏度的方法常用的有两种，一种是测漏斗黏度，另一种是测直读式黏度计黏度。漏斗黏度用马氏漏斗黏度计（图1-2-2）测量，即测定一定体积钻井液流过一定直径和长度的管道的时间来确定钻井液黏度的大小。直读式黏度计黏度常用六速旋转黏度计（图1-2-3）测量，其原理是测定不同剪切速率（转速）下钻井液的剪切应力（流动阻力）来确定其黏度和切力等性能。

图1-2-1　常用的密度计　　　　　图1-2-2　马氏漏斗黏度计

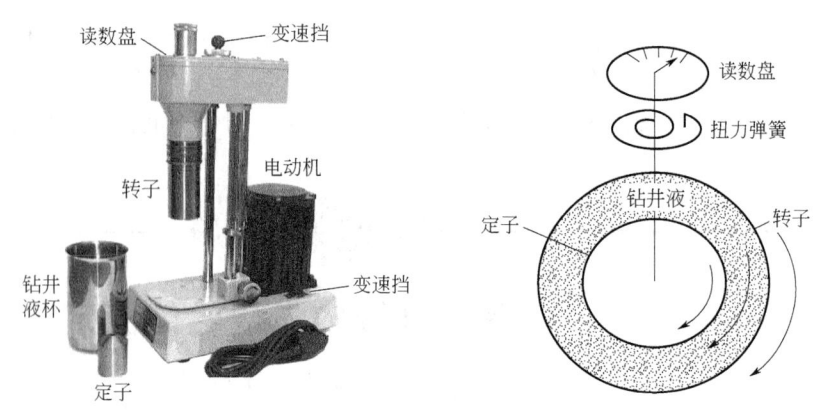

视频1 六速旋转黏度计操作规程

图 1-2-3 六速旋转黏度计及工作原理

钻井液滤失是指钻井液的液相在一定压差下向地层滤失的现象。钻井液滤失量则是反映钻井液向地层滤失能力的参数，也是对钻井液的控制和处理的重要参数。测定钻井液滤失性能受钻井液中固相类型、含量和处理剂以及它们之间的物理和化学作用的影响，而这些物理和化学作用又要受到温度和压力的影响。因此，滤失性能包括常温中压（API）滤失性能和高温高压（HTHP）滤失性能，各自需要不同的仪器和技术，但其基本原理相同。滤失量的测定原理是测定在一定的温度下钻井液液相在一定的压差和时间内通过特定面积的特定介质的滤失体积。这些条件已被设计为专业的仪器——滤失仪（图 1-2-4、图 1-2-5 和图 1-2-6）。按美国石油学会标准规定的条件和方法测得的滤失量称为 API 滤失量。本实验只进行常温中压滤失量的测定，高温高压滤失量的测定及仪器操作可参照 GB/T 16783.1 标准进行。

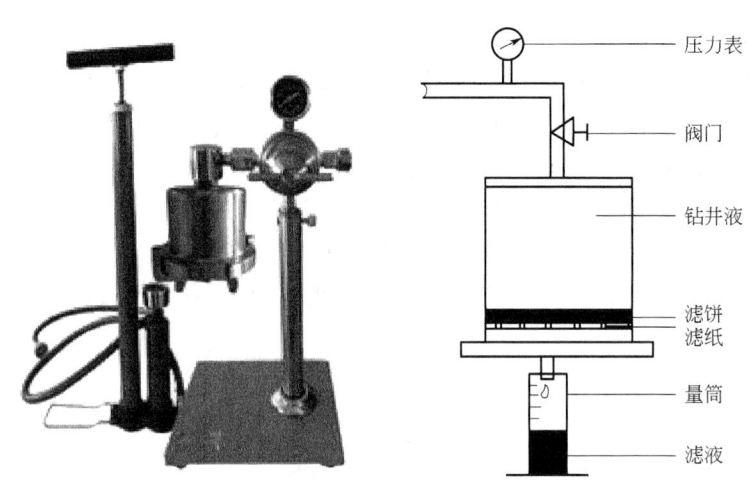

图 1-2-4 常温中压滤失仪及工作原理

三、实验仪器及材料

1. 实验仪器

钻井液高速搅拌机；钻井液低速搅拌机；密度计；马氏漏斗黏度计；六速旋转黏度计；常温中压滤失仪；秒表。

图 1-2-5　高温高压静态滤失仪　　　　　　图 1-2-6　高温高压动态滤失仪

2. 实验材料

无水氯化钙、氯化钠、无水碳酸钠，化学纯；膨润土，钻井液实验用基准钠膨润土（以下简称钠膨润土）；精密 pH 试纸，色阶 0.2 个 pH 值；钻井液专用滤纸（φ9cm）；现场钻井液或室内配制的各种类型钻井液。

四、实验内容及步骤

1. 实验用水基钻井液的配制和性能测定

（1）淡水基浆的配制和性能测定。按本章实验一的方法配制淡水基浆。取淡水基浆 400mL 在 11000r/min 下高速搅拌 5min，按程序测定其密度、流变性（表观黏度、塑性黏度、动切力、静切力）和 API 滤失性能（API 滤失量、滤饼质量、滤饼厚度）。

（2）细分散钻井液的配制和性能测定。取淡水基浆一份（400mL），按钻井液体积（mL）的 0.30% 称取 Na-CMC（1.20g），加入基浆中。在低速搅拌机上充分搅拌后，再按钻井液体积（mL）的 0.50% 加入 SMK 或 SMT（2.00g），搅拌 15min，即配制成细分散钻井液。将其在 11000r/min 下高速搅拌 5min，按程序测定其密度、流变性（表观黏度、塑性黏度、动切力、静切力）和 API 滤失性能（API 滤失量、滤饼质量、滤饼厚度）。

（3）复合盐水钻井液的配制和性能测定。取细分散钻井液一份（400mL），然后再按钻井液体积（mL）的 0.30% 计算加入 $CaCl_2$（1.20g），按钻井液体积（mL）的 4.0% 计算加入 NaCl（16.0g），在低速搅拌机上搅拌 15min，即配制成复合盐水钻井液；将其在 11000r/min 下高速搅拌 5min，按程序测定其密度、流变性（表观黏度、塑性黏度、动切力、静切力）和 API 滤失性能（API 滤失量、滤饼质量、滤饼厚度）。

2. 密度测定程序

（1）将密度计的刀座放在一个水平的平面上。

（2）将待测钻井液倒入洁净的密度计钻井液杯中，倒出，再注入新的待测钻井液，把杯盖放在注满钻井液的钻井液杯上，旋转杯盖至盖紧，要保证一些钻井液从杯盖上小孔溢出，以便排出多余的钻井液、钻井液中的空气或天然气。

（3）用拇指盖住小孔，冲洗并擦干净钻井液杯盖和外部。

（4）将臂梁放在底座的刀座上，移动游码使之平衡，在水准泡位于中心线下时即达到平衡。

（5）在靠近钻井液杯一侧的游码边缘读取钻井液密度值。

(6) 含有空气或天然气的钻井液，应用加压钻井液密度计进行精确测量，实验仪器及方法参见 GB/T 16783.1《石油天然气工业 钻井液现场测试 第1部分：水基钻井液》。

3. 漏斗黏度测定程序

(1) 用手指堵住漏斗下端流出口，通过筛网将新取的钻井液样品注入干净且直立的漏斗中，直到钻井液到筛网底部为止。

(2) 移开手指的同时启动秒表，将钻井液放入测量专用钻井液杯中，测量钻井液注满杯内 946mL 刻度线所需的时间（s）。

(3) 同时测量钻井液温度（℃）。

4. 黏度、切力测定程序

(1) 将刚搅拌好的钻井液倒入六速旋转黏度计专用样品杯刻度线处（350mL），立即放置于托盘上，上升托盘使液面至外筒刻度线处。拧紧手轮，固定托盘。

(2) 打开电源开关，在 600r/min 转速下搅拌 10~20s，待刻度盘读数稳定后记录下刻度盘读数；更换转速挡至 300r/min 搅拌 10~20s，待刻度盘读数稳定后记录下刻度盘读数；数据用于表观黏度和塑性黏度的计算。

(3) 初切力 G_{10s} 和终切力 G_{10min} 的测定：先将钻井液在六速旋转黏度计上用 600r/min 搅拌 10s，静置 10s，测定 3r/min 转速开始旋转后的最大读数。计算初切力 G_{10s}，单位为 Pa。将钻井液样品在 600r/min 下重新搅拌 10s，静置 10min，测定 3r/min 转速开始旋转后的最大读数。计算终切力 G_{10min}，单位为 Pa。

(4) 实验结束后，关闭电源，松开托盘，移开量杯。轻轻卸下外筒，清洗内外筒并且擦干，再将内外筒装好。

5. 常温中压滤失量测定程序

(1) 调压：连接气源管线；关闭钻井液杯接头上的"T"形开关；打开气瓶总阀；调节减压阀至压力为（0.69±0.035）MPa。

(2) 确保钻井液杯各部件清洁干燥（尤其是滤网），密封垫圈未变形或损坏。用手指堵住钻井液杯输气接头小口处，将钻井液注入液杯中，使其液面距杯顶部 1.0~1.5cm，先放好 φ80×3.1 "O" 形密封圈，再取一张专用滤纸，放在密封圈上，将钻井液杯盖盖上压紧，装上卡梁并旋转 90°，上紧固定螺母，倒置，然后将钻井液杯输气接头对正装于阀体"T"形槽内并旋转 90°，待测。

(3) 将干燥量筒放在排出管下面以接收滤液，打开进气开关，使压力在 30s 内达到（0.69±0.035）MPa。在加压的同时开始计时。到 30min 或 7min30s 后，读取滤液的体积。如果测定时间是 7min30s，则滤失量为滤液体积乘以 2。

(4) 实验结束后，将调压手柄按逆时针方向关闭，切断气源，并小心打开减压阀。

(5) 以 mL 为单位记录滤液体积（精确到 0.1mL），用 pH 试纸测量滤液的 pH 值并记录。

(6) 按顺时针旋转放气手柄，将钻井液杯中余气释放后，在确保所有压力全部被释放的情况下，方可从支架上取下钻井液杯。

(7) 小心将压盖松开，打开滤网座，取出滤纸，用缓慢水流冲洗滤纸上的滤饼，测量滤饼的厚度，精确至 0.5mm。

(8) 尽管对滤饼的描述带有主观性，但诸如硬、柔、坚韧、柔韧、致密、弹性等注释，对于了解滤饼的质量仍是重要的信息。

(9) 清洗仪器,将仪器减压阀及气源余气一起放出。

6. 钻井液流变参数计算

按式(1-2-1)至式(1-2-4)分别计算表观黏度、塑性黏度、动切力和静切力:

表观黏度 AV:

$$AV = \frac{1}{2}\Phi_{600} \tag{1-2-1}$$

塑性黏度 PV:

$$PV = \Phi_{600} - \Phi_{300} \tag{1-2-2}$$

动切力 YP:

$$YP = 0.48(\Phi_{300} - PV) \tag{1-2-3}$$

静切力:

$$G_{10s}(G_{10min}) = \Phi_3/2 \tag{1-2-4}$$

式中 Φ——在给定转速下所测得仪器内筒转角,即仪器刻度盘上读到的格数;

Φ_{600},Φ_{300},Φ_3——外筒转速为600r/min、300r/min、3r/min时仪器刻度盘上的稳定读数;

AV——表观黏度,mPa·s;

PV——塑性黏度,mPa·s;

YP——动切力,Pa;

G_{10s},G_{10min}——10s 或 10min 静切力,Pa。

五、实验记录及数据处理

(1) 黏度实验数据记录入表1-2-1。

表1-2-1 钻井液黏度测量数据记录表

钻井液类型	不同转速下读数,(°)					
	Φ_{600}	Φ_{300}	Φ_{200}	Φ_{100}	Φ_3	
					10s	10min

(2) 根据式(1-2-1)至式(1-2-4)处理实验数据记录入表1-2-2中。

表1-2-2 钻井液性能参数

钻井液类型	密度 g/cm³	漏斗黏度 s	表观黏度AV mPa·s	塑性黏度PV mPa·s	动切力YP Pa	失水量 mL	滤饼厚度 mm	静切力,Pa	
								G_{10s}	G_{10min}

第一章 钻井液

六、安全提示及注意事项

（1）充分了解实验中所使用仪器、药品、试剂的安全、环境、健康方面的性质和要求，按实验室安全要求做好个人健康、安全防护。

（2）实验中涉及高压操作和高速转动仪器，操作者应对所使用的设备有足够的熟练、正确操作能力，否则应在教师指导下完成，严禁违章操作。

（3）实验中的"三废"物质分类收集，集中处理。

七、思考题

（1）钻井工程对钻井液性能有哪些基本要求？
（2）测定初切力、终切力有何意义？
（3）无机盐对钻井液性能有何影响？
（4）六速旋转黏度计的结构及工作原理是什么？

实验三

现场钻井液的含砂量、膨润土含量测定

（基础型实验　3学时）

一、实验目的

(1) 掌握钻井液含砂量、膨润土含量的测定方法及相关专业仪器的使用方法；
(2) 理解控制钻井液含砂量和膨润土含量的工程意义；
(3) 了解钻井液中固相的分类与性质。

二、实验原理

钻井液含砂量是指大于 74μm 的固相颗粒在钻井液中的体积分数，通过筛分测定一定体积的钻井液中大于 74μm 的颗粒的体积来确定。测定仪如图 1-3-1 所示。

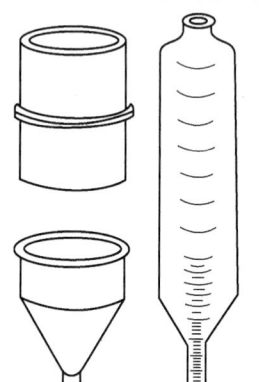

含砂量计算公式如下：

$$S = \frac{V_1}{V_0} \times 100\% \qquad (1\text{-}3\text{-}1)$$

式中　S——含砂量，%；

V_0——钻井液的体积，mL；

V_1——砂体积，mL。

钻井液膨润土含量测定原理——亚甲基蓝法：钻井液膨润土含量利用阳离子交换法来间接确定。膨润土或岩屑的晶层之间和表面吸附有补偿阳离子，部分补偿阳离子可以被液相中的

图 1-3-1　钻井液含砂量测定仪

其他阳离子交换下来。有机阳离子亚甲基蓝（$C_{16}H_{18}N_3SCl \cdot H_2O$）在水中呈蓝色，它与膨润土晶片有很强的亲和能力，能将膨润土颗粒表面所有补偿阳离子交换下来，不断向钻井液中滴加亚甲基蓝溶液，在交换吸附达到饱和之前，补偿阳离子未被完全交换出来，此时溶液中不存在游离的染色离子，滴在滤纸上渗透液为无色；只有膨润土交换吸附亚甲基蓝达到饱和后，此时滴在滤纸上的渗透液呈蓝色。根据交换吸附达到饱和时所消耗的亚甲基蓝的量可以计算出钻井液固相的总阳离子交换容量，进而换算出钻井液中膨润土的含量。亚甲基蓝容量和实际的阳离子交换容量并非一定相等，通常前者略小于实际的阳离子交换容量。由于非膨润土类黏土也能吸附亚甲基蓝，膨润土的分散度越高，吸附的亚甲基蓝也越高，因此，用亚甲基蓝实验测出的膨润土含量有相对性，故有"亚甲基蓝膨润土含量"之称。

一般钙膨润土的阳离子交换容量为 70mmol/100g（亚甲基蓝/干土）。在滴定时，通常使用浓度为 0.01mmol/mL（即 3.748g/L）亚甲基蓝溶液，若滴定 $V_\text{浆}$(mL) 钻井液所需亚甲基蓝溶液为 V(mL)，设 $V_\text{浆}$(mL) 钻井液中含有膨润土 W(g)，则有：

$$70 : 100 = 0.01V : W$$

即
$$W = \frac{V}{70} \tag{1-3-2}$$

故钻井液中的膨润土含量为

$$Q = \frac{W}{V_\text{浆}} = \frac{V}{70 \times V_\text{浆}} (\text{g/mL}) \tag{1-3-3}$$

如实验中取 $V_\text{浆} = 1\text{mL}$，则得

$$Q = \frac{V}{70 \times 1} \times 1000 = 14.3V (\text{g/L}) \tag{1-3-4}$$

式中　Q——钻井液膨润土含量，g/mL 或 g/L；

　　　V——滴定 $V_\text{浆}$ 钻井液所消耗亚甲基蓝溶液体积，mL；

　　　W——膨润土质量，g；

　　　$V_\text{浆}$——实验中钻井液用量，mL 或 L。

三、实验仪器及材料

1. 实验仪器

钻井液含砂量测定仪；钻井液高速搅拌机；钻井液低速搅拌机；250mL 锥形瓶；5mL 和 50mL 不带针头注射器；25mL 碱式滴定管；50mL 量筒；滤纸。

2. 实验材料

现场钻井液；亚甲基蓝溶液（3.748g/L）；浓度为 0.50% 的聚丙烯酸钾（K-PAM）溶液（K-PAM 的水解度为 30%，分子量为 300 万~500 万）；3.0% 的 H_2O_2 溶液；2.5mol/L 的 H_2SO_4 溶液；钻井液实验用钠膨润土；钻井液用评价土。

四、实验内容及步骤

1. 实验用钻井液配制

（1）淡水基浆的配制。实验方法及步骤见本章实验一。

（2）室验用不分散低固相钻井液配制：取预先配好的钻井液 400mL，在低速搅拌机搅拌下，加入钻井液体积（mL）的 5.0%的评价土（20.0g），并用不带针头的 50mL 注射器加入预先溶解好浓度为 0.50% 的 K-PAM 的溶液 5.0mL，2.0%XY-27 溶液 1mL，再搅拌 10min，使之均匀，完全作用，即得所需配制的不分散低固相钻井液。

2. 含砂量测定

（1）在专用玻璃量筒内加入现场钻井液（20.0mL 或 40.0mL），再加入适量水（不超过 160mL），用手指盖住筒口，摇匀，倒入过滤筒内，边倒边用水冲洗，直到钻井液冲洗干净、网上仅有砂子为止。

（2）将漏斗放在专用玻璃量筒上，过滤筒倒置在漏斗上，用水把砂子冲入玻璃量筒内，等砂子沉淀到底部细管后，读出砂子体积，计算含砂量。

3. 膨润土含量测定

（1）在 250mL 锥形瓶中放 10.0mL 水，用 5mL 的注射器准确加 1.0mL 之前配制的实验用不分散低固相钻井液样品（也可用现场钻井液），加入 3.0% H_2O_2 15.0mL 和 0.50mL 的 2.5mol/L H_2SO_4 溶液，摇动锥形瓶混合均匀，在电炉上微沸 10min，冷却至室温，加水稀释至约 50mL。

（2）用滴定管向锥形瓶中加亚甲基蓝溶液。一次性加入 1.0mL，快速摇动锥形瓶 30s（准确用秒表计时）。当固体还在悬浮状态的时候，用细玻璃棒取 1 滴悬浮液滴到滤纸上，观察已染色固体斑点周围是否出现淡绿或蓝色圈。

（3）若无此种色圈，继续加入 1.0mL 亚甲基蓝溶液，重复（2）的操作，当出现淡绿或蓝色圈时，再继续摇动锥形瓶 2min，再取 1 滴悬浮液滴在滤纸上观察，若淡绿或蓝色圈仍然出现，表明已达到滴定终点；若再摇动 2min 后，未出现淡绿或蓝色圈，则应连续滴入 0.5mL 亚甲基蓝溶液，摇动锥形瓶 2min 后，取 1 滴悬浮液滴在滤纸上观察，若淡绿或蓝色圈出现，即达终点，否则再连续滴入 0.5mL 亚甲基蓝溶液重复上述操作，直至达终点。记录终点时耗用的亚甲基蓝溶液的用量 V(mL)。由于阳离子交换过程较慢，一次只能加入 0.5~1.0mL 亚甲基蓝溶液，不能多加。

五、实验记录及数据处理

（1）钻井液含砂量的测定实验数据记录入表 1-3-1。

表 1-3-1　钻井液含砂量的测定数据记录表

钻井液名称（及类型）	钻井液体积 V_0, mL	砂体积 V_1, mL	含砂量 S, %

（2）膨润土含量测定数据记录入表 1-3-2。

表 1-3-2　亚甲基蓝膨润土含量测定数据记录表

钻井液名称（及类型）	亚甲基蓝溶液用量 V, mL	膨润土含量 Q, g/L

（3）按式(1-3-1)计算含砂量；按式(1-3-4)计算钻井液中膨润土含量。

六、安全提示及注意事项

（1）充分了解实验中所使用仪器、药品、试剂的安全、环境、健康方面的性质和要求，按实验室安全要求做好个人健康、安全防护。
（2）实验中的"三废"物质分类收集，集中处理。

七、思考题

（1）膨润土在钻井液中有哪些作用？
（2）测定钻井液含砂量和膨润土含量有何意义？
（3）为什么在用亚甲基蓝滴定前要加入 H_2O_2、H_2SO_4 并加热处理？
（4）在测量亚甲基蓝黏土含量时，为什么淡绿或蓝色圈出现后，再搅拌 2min，色圈可能消失？
（5）每次加入亚甲基蓝后，若搅拌时间过短或过长可能产生什么后果？为什么？

实验四

水基钻井液降黏剂性能评价

（综合型实验　4学时）

一、实验目的

（1）掌握钻井液降黏剂性能评价方法及相关专业仪器的使用方法；
（2）理解降低钻井液黏度的工程意义及钻井液降黏剂的作用原理；
（3）了解影响钻井液黏度的因素。

二、实验原理

钻井液降黏剂加入钻井液体系经搅拌混合均匀后，与水化的黏土颗粒及其他处理剂发生一系列物理化学反应，拆散黏土颗粒的片架结构或空间网状结构而达到降低钻井液黏度的目的。钻井液降黏剂性能评价方法是比较基浆和加入降黏剂后的钻井液黏度来评价降黏剂性能。黏度测定仪器、工作原理及操作方法见本章实验二。

三、实验仪器及材料

1. 实验仪器

钻井液高速搅拌机；直读式黏度计，Fan35s 型或同类产品；天平，感量 0.01g。

2. 实验材料

膨润土，符合 GB/T 5005 标准的一级膨润土；氢氧化钠，化学纯；消泡剂，正辛醇；

包被剂，FA-367；降黏剂，XY-27（配为10.0%水溶液）。

四、实验内容及步骤

1. 基浆配制与要求

按每升蒸馏水加入膨润土70.0g、无水碳酸钠2.10g的比例，配制400mL淡水基浆，高速搅拌20min，其间至少停两次，以刮下黏附在容器壁上的膨润土。在（25±3）℃下养护24h后，边搅拌边缓慢均匀地加入0.1%的FA-367，继续搅拌20min，再于（25±3）℃下密闭养护24h。将基浆在11000r/min下高速搅拌5min，在旋转黏度计上测100r/min读数，其数值应在80~120之间，否则要适当调整膨润土用量以满足要求。

2. 淡水基浆中降黏能力的评价

（1）按前面的程序配制5份淡水基浆。

（2）取其中一份作为空白试样，在11000r/min下高速搅拌5min，立即取下按本章实验二的黏度、切力测定程序测600r/min、300r/min、100r/min下黏度计的读值及10s、10min时的静切力。

（3）在另外4份基浆中，分别加入4.0mL、6.0mL、8.0mL、10.0mL浓度为10.0%的降黏剂溶液，即为评价样浆。样浆在11000r/min下高速搅拌20min（其间中断两次，刮下器壁上的黏附物）。

（4）按本章实验二的程序测600r/min、300r/min、100r/min下黏度计的读值及10s、10min时的静切力。

五、实验记录及数据处理

（1）淡水基浆中降黏能力实验数据记录入表1-4-1。

表1-4-1 降黏能力实验数据记录表

样品加量	黏度读数，格（或°）					pH
	Φ_{600}	Φ_{300}	Φ_{100}	$\Phi_{3(10s)}$	$\Phi_{3(10min)}$	
0						
4mL						
6mL						
8mL						
10mL						

（2）数据处理。降黏剂的降黏能力用降黏率表示，根据实验测定数据按式（1-4-1）计算降黏剂的降黏率；按式（1-2-1）至式（1-2-4）计算钻井液相关流变参数；记录入表1-4-2。

$$D.I = \frac{\Phi_{100}^0 - \Phi_{100}^1}{\Phi_{100}^0} \times 100\% \tag{1-4-1}$$

式中 $D.I$——降黏剂的降黏率；

Φ_{100}^{0}——基浆 100r/min 读数；

Φ_{100}^{1}——加降黏剂的样浆 100r/min 读数。

表 1-4-2　实验钻井液综合性能实验数据表

样品加量	AV，mPa·s	PV，mPa·s	YP，Pa	G_{10s}，Pa	G_{10min}，Pa	降黏率 $D.I$，%	pH
0							
4mL							
6mL							
8mL							
10mL							

(3) 确定使降黏率大于 70% 的降黏剂加量；分析降黏剂对钻井液综合性能的影响规律。

六、安全提示及注意事项

(1) 充分了解实验中所使用仪器、药品、试剂的安全、环境、健康方面的性质和要求，按实验室安全要求做好个人健康、安全防护。

(2) 实验中涉及高速转动仪器，操作者应对所使用的设备有足够的熟练、正确操作能力，否则应在教师指导下完成，严禁违章操作。

(3) 实验中的"三废"物质分类收集，集中处理。

七、思考题

(1) 钻井液对降黏剂有何基本要求？
(2) 钻井液降黏剂的作用原理是什么？
(3) 降黏剂的分子结构对其降黏性能有何联系和影响？
(4) 降黏剂的加量对钻井液性能有何影响？

实验五

页岩分散性及页岩抑制剂评价

（综合型实验　4 学时）

一、实验目的

(1) 掌握滚动回收法评价页岩抑制剂的方法及相关专业仪器的使用方法；
(2) 理解钻井液用抑制剂的作用原理及控制页岩分散的工程意义；
(3) 了解影响页岩分散的因素及控制方法。

二、实验原理

页岩颗粒在水介质中会发生分散剥离的现象称为页岩的分散性。页岩水化分散会引起井壁失稳及钻井液性能明显变化，因此，必须加以控制。不同页岩颗粒在水介质中发生分散剥离的程度不同，相同页岩颗粒在不同水介质、不同温度及剪切速率条件下发生分散剥离的程度也不相同。页岩分散性评价方法是在模拟井下温度和环空剪切速率下进行动态实验，用相同条件下测定的16h淡水回收率来比较各种页岩的分散性强弱；用在淡水中加入一定量抑制剂在相同条件下测定的16h滚动回收率来反映页岩抑制剂的抑制性能强弱。

三、实验仪器及材料

1. 实验仪器

电热鼓风恒温干燥箱；天平，感量0.01g；滚子加热炉及养护罐；40目标准分样筛等。

2. 实验材料

页岩颗粒（大于10目，小于6目）；页岩抑制剂：分析纯氯化钾或其他抑制剂。

四、实验内容及步骤

（1）称取50.0g风干的页岩样品装入盛有350mL蒸馏水的钻井液养护罐中，加盖旋紧。

（2）将装好试样的钻井液养护罐放入温度已调到（80±3）℃的钻井液滚子炉中。滚动16h，开始滚动10min后，应检查钻井液罐是否漏失，若发现漏失，应取出盖紧或更换垫圈。

（3）恒温滚动16h后，取出钻井液罐，冷却至室温。将罐内的液体和岩样全部倾倒在40目分样筛上，在盛有自来水的水槽中湿式筛洗1min。

（4）将40目筛余物放入（105±3）℃的电热鼓风恒温干燥箱中烘干4h。取出冷却，并在空气中静放24h，然后进行称量（准确至0.1g）。

（5）加入不同的抑制剂，重复(1)~(4)实验操作。

五、实验记录及数据处理

（1）实验数据记录入表1-5-1。

表1-5-1 页岩回收率实验数据记录表

抑制剂名称	抑制剂加量，%	页岩回收率质量W，g	页岩回收率，%

（2）按式(1-5-1)计算16h页岩滚动回收率：

$$R_{40} = \frac{W}{50} \times 100\% \tag{1-5-1}$$

式中　R_{40}——40 目及以上页岩回收率，%；
　　　W——页岩回收率质量，g。

六、安全提示及注意事项

（1）充分了解实验中所使用仪器、药品、试剂的安全、环境、健康方面的性质和要求，按实验室安全要求做好个人健康、安全防护。

（2）实验中涉及高温高压操作和高速转动仪器，操作者应对所使用的设备有足够的熟练、正确操作能力，否则应在教师指导下完成，严禁违章操作。

（3）进行湿式筛洗的实验条件应尽量保持一致；静置 24h 空气温度尽量与风干岩样的环境的温度相一致。

（4）实验中的"三废"物质分类收集，集中处理。

七、思考题

（1）测定页岩滚动回收率有何意义？
（2）页岩抑制剂的作用原理是什么？
（3）页岩的强水化分散性将会带来哪些井下问题？

实验六

水基钻井液降滤失剂性能评价

（综合型实验　4 学时）

一、实验目的

（1）掌握降滤失剂性能评价方法及相关专业仪器的使用方法；
（2）理解钻井液降滤失剂的作用原理及控制钻井液滤失量的工程意义；
（3）了解影响钻井液滤失性能的因素。

二、实验原理

钻井液降滤失剂加入钻井液体系经搅拌混合均匀后，与水化的黏土颗粒及其他处理剂发生一系列物理化学反应，吸附于黏土颗粒的平表面而形成致密滤饼，由此达到降低钻井液滤失量的目的。滤失量测定仪器、工作原理、实验方法见本章实验二。

三、实验仪器及材料

1. 实验仪器

直读式黏度计，Fann35s 型或同类产品；天平，感量 0.01g；计时器，灵敏度 0.1s；API 滤失仪；密度秤，感量为 0.01g/cm³；钻井液高速搅拌机。

2. 实验材料

降滤失剂，CMC-LV 或 CMS（羧甲基淀粉）；评价土，OCMA 评价土或同类产品；碳酸氢钠、氯化钠，化学纯；蒸馏水。

四、实验内容及步骤

1. 基浆的配制

（1）评价土悬浮液制备（5份）：在盛有 350mL 蒸馏水的高速搅拌杯中，加入 1.00g 碳酸氢钠和 35.0g 评价土，用高速搅拌机搅拌 5min，取下容器，刮下黏附在容器壁上的评价土，继续搅拌 15min（累计搅拌时间为 20min）。

（2）取 1 份评价土悬浮液，按本章实验二的程序测 600r/min、300r/min、100r/min 下黏度计的读值；按本章实验二的程序测悬浮液的滤失量 B 和滤饼厚度 K，API 滤失量应在 (45±10)mL 范围内，若不在此范围可调整评价土加量。

2. 降滤失剂性能评价

（1）取 4 份评价土悬浮液，分别加入 1.00g、1.50g、2.00g、2.50g 的降滤失剂（要求滤失量分布在 5~10mL 范围内，如不满足可适当调整降滤失剂的加量），用高速搅拌机搅拌 20min，其间中断两次以刮下黏附在容器壁上的降滤失剂。

（2）将每份评价土悬浮液在密闭容器中室温养护 16h，按本章实验二的程序测 600r/min、300r/min、100r/min 下黏度和悬浮液的滤失量。

五、实验记录及数据处理

（1）实验原始数据记录入表 1-6-1。

表 1-6-1　降滤失剂评价实验数据记录表

样品加量	黏度读数，格（或°） Φ_{600}	Φ_{300}	Φ_{100}	滤失量 B，mL	滤饼厚度 K，mm	pH
0						
1.0g						
1.5g						
2.0g						
2.5g						

（2）实验数据处理。

滤失量降低率的计算：降滤失剂的降滤失能力用滤失量降低率来进行表征。根据实验测定参数计算降滤失剂的滤失量降低率公式如下：

$$\eta = \frac{B^0 - B^1}{B^0} \times 100\% \tag{1-6-1}$$

式中　η——降滤失剂的滤失量降低率，%；

　　　B^0——基浆 API 滤失量，mL；

　　　B^1——样浆 API 滤失量，mL。

流变性参数：按式(1-2-1)至式(1-2-3)计算钻井液相关流变参数。处理后数据的实验数据记录入表1-6-2。

表1-6-2　降滤失剂评价实验结果数据记录表

样品加量	AV, mPa·s	PV, mPa·s	YP, Pa	B, mL	K, mm	η, %	pH
0							
1.0g							
1.5g							
2.0g							
2.5g							

降滤失剂加量确定：以降滤失剂加量为横坐标，滤失量和表观黏度为纵坐标作图，确定滤失量为10mL时的降滤失剂加量及其对应的表观黏度。

六、安全提示及注意事项

（1）充分了解实验中所使用仪器、药品、试剂的安全、环境、健康方面的性质和要求，按实验室安全要求做好个人健康、安全防护。

（2）实验中涉及高压操作和高速转动仪器，操作者应对所使用的设备有足够的熟练、正确操作能力，否则应在教师指导下完成，严禁违章操作。

（3）实验中的"三废"物质分类收集，集中处理。

七、思考题

（1）钻井液降滤失剂的作用原理是什么？
（2）影响钻井液降滤失剂性能的因素有哪些？
（3）降滤失剂分子结构对其降滤失性能有何关系？
（4）钻井液滤失性能对钻井工程有何影响？

实验七

钻井液包被剂抑制性评价

（综合型实验　4学时）

一、实验目的

（1）掌握钻井液包被剂抑制性评价方法及相关专业仪器使用方法；
（2）理解钻井液包被剂抑制作用原理及抑制页岩水化分散的工程意义；
（3）了解包被剂对钻井液综合性能的影响。

二、实验原理

现场钻井液中含有膨润土（基浆配制过程中加入）、黏土或泥页岩（来自钻遇地层）等易水化分散的成分，膨润土、黏土或泥页岩水化分散将引起井壁失稳和钻井液性能显著变化等问题；使用包被剂是常用的抑制膨润土、黏土或泥页岩水化分散的方法之一。包被剂在钻井液中有两种主要作用：一是包被剂加入钻井液体系经搅拌混合均匀后，与水化的黏土颗粒及其他处理剂发生一系列物理化学反应，吸附于黏土颗粒的表面而形成空间网架结构，只要包被剂与黏土颗粒的作用强度适中，即可达到提高钻井液抗剪切稀释能力的目的，以满足喷射钻井工艺对钻井液的要求；二是包被剂吸附并包裹于黏土表面形成高分子包被层，抑制泥页岩水化。钻井液中膨润土、黏土或泥页岩水化分散后，钻井液的黏度将会明显上升，因此，在热滚后的加有包被剂的钻井液中再加入一定量的膨润土进行第二次热滚，对比其黏度上升情况就可以评价包被剂对黏土（泥页岩）水化分散的抑制效果。

三、实验仪器及材料

1. 实验仪器

钻井液高速搅拌机；六速旋转黏度计，ZND 型或同类仪器；天平，感量 0.01g；计时器，灵敏度 0.1s；滚子加热炉，老化罐材质为不锈钢或铜合金。

2. 实验材料

膨润土，符合 GB/T 5060 标准的膨润土；包被剂，FA-367 或 K-PAM；蒸馏水；氯化钠，化学纯；碳酸钠，化学纯。

四、实验内容及步骤

1. 基浆的配制

在 400mL 蒸馏水中，分别加入 16.0g 膨润土和 0.96g 碳酸钠，边搅拌边加入，加完后继续搅拌 10min，在 (25±3)℃下密闭养护 24h，此即为 4.0%膨润土淡水基浆。按上述方法配制 2 份备用。

2. 聚合物基浆的配制

取 1 份配制的膨润土淡水基浆，在基浆中边搅拌边加入 1.20g 包被剂试样，加毕，继续搅拌 10min，在 (25±2)℃下密闭养护 24h，再搅拌 5min，此即为加试样后的聚合物基浆。

3. 包被剂抑制性能评价实验

将配好的淡水基浆和聚合物基浆放入滚子加热炉，于 160℃热滚 16h。待钻井液冷却至 (25±2)℃，高速搅拌 5min，用六速旋转黏度计分别测定淡水基浆和聚合物基浆的 Φ_{600} 读数，并记为 $\Phi_{600,1}$，然后回收钻井液至洁净的钻井液杯中，边搅拌边加入 16.0g 膨润土，加毕，继续搅拌 10min，在 (25±2)℃下密闭养护 3h 后放入滚子加热炉，于 160℃热滚 16h，待钻井液冷却至 (25±2)℃，高速搅拌 5min，用六速旋转黏度计分别测定加入膨润土的淡水基浆和聚合物基浆的 Φ_{600} 读数，并记为 $\Phi_{600,2}$；同时测定 Φ_{300}、Φ_{100} 的读数。按式(1-7-1) 分别计算淡水基浆和聚合物基浆的表观黏度上升率 η。

表观黏度上升率：

$$\eta = \frac{\Phi_{600,2} - \Phi_{600,1}}{\Phi_{600,1}} \times 100\% \tag{1-7-1}$$

注：按上述方法计算出的膨润土淡水基浆表观黏度上升率应在 450%～700% 之间，否则，要适当调整基浆的膨润土加量，使其黏度上升率在要求的范围内。

五、实验记录及数据处理

（1）实验数据记录入表 1-7-1。

表 1-7-1　淡水基浆和聚合物基浆老化前后黏度实验数据记录表

钻井液种类	黏度读数，格（或°）		
	Φ_{600}	Φ_{300}	Φ_{100}
淡水基浆			
聚合物基浆			
淡水基浆+16g 土			
聚合物基浆+16g 土			

（2）数据处理。按式(1-2-1) 至式(1-2-3) 和式(1-7-1) 计算相关参数，记录入表 1-7-2。

表 1-7-2　淡水基浆和聚合物基浆老化前后数据处理记录表

钻井液种类	AV, mPa·s	PV, mPa·s	YP, Pa	η, %
淡水基浆				
聚合物基浆				
淡水基浆+16g 土				
聚合物基浆+16g 土				

（3）分析包被剂对钻井液综合性能的影响规律。

六、安全提示及注意事项

（1）充分了解实验中所使用仪器、药品、试剂的安全、环境、健康方面的性质和要求，按实验室安全要求做好个人健康、安全防护。

（2）实验中涉及高温高压操作和高速转动仪器，操作者应对所使用的设备有足够的熟练、正确操作能力，否则应在教师指导下完成，严禁违章操作。

（3）实验中的"三废"物质分类收集，集中处理。

七、思考题

（1）简述钻井液包被剂的作用原理。
（2）测试钻井液包被剂抑制黏土水化分散还有其他何种方法？
（3）钻井液包被剂的分子结构有哪些特点？
（4）为什么加入钻井液包被剂时需要配合使用钻井液降黏剂？

实验八

钻井液体系的设计与性能优化

（设计型实验 16~20 学时）

一、实验目的

(1) 掌握钻井液体系设计与配方优化的基本程序和方法；
(2) 理解钻井液体系各种性能指标的工程意义及各种钻井液处理剂的作用原理；
(3) 巩固钻井液性能实验基本方法和专业仪器使用方法；
(4) 培养学生的工程设计能力。

二、设计概述

在钻井工程施工作业中，所钻井可分为直井、斜井、水平井等，从开钻到完钻的整个钻井过程中，随着井眼尺寸、钻遇地层物性、地层压力系数的变化及盐膏层的污染、易垮塌层等实际情况，钻井工艺措施及参数也会不同，对钻井液也就提出了不同的要求。按分散介质的不同，钻井液可分为水基钻井液和油基钻井液体系；按钻遇地层温度不同钻井液分为中温、高温、超高温钻井液体系；按钻井液中含盐量不同可分为淡水钻井液、盐水钻井液、海水钻井液及饱和盐水钻井液等。对于所钻的每一口具体的油气井，由于井的类型、层位、地质条件、套管程序、钻井工艺等的不同，其对钻井液的要求完全不同，在每一口井的设计中，一般根据钻井工艺条件、地层情况提出了一系列性能参数及要求。钻井液技术人员应根据具体要求，设计并通过室内实验优化出满足要求的钻井液体系及配方。通常测定的钻井液参数有密度、流变性、失水造壁性、润滑性、抗温抗盐能力、剪切稀释性、抑制防塌性等。由于不同井段、不同层位上述参数应随之变化，因此需用实验方法调整钻井液体系及配方来满足这些要求。钻井液体系设计及配方性能优化一般采用图1-8-1所示的程序。

三、设计内容与要求

1. 设计项目（任选一）

（1）常规密度钻井液体系设计要求。抗温：120℃；密度：1.03~1.05g/cm³；API 滤失量≤5mL；120℃下 HTHP 滤失量≤20mL；AV：10~15mPa·s；PV：7~10mPa·s；YP：3~5Pa；极压润滑系数 k_f≤0.16；膨润土含量≤4%。

（2）抗盐抗高温钻井液体系设计要求。抗温：150℃；密度：1.25~1.30g/cm³；API 滤失量≤5mL；150℃下 HTHP 失水≤20mL；AV：25~35mPa·s；PV：20~25mPa·s；YP：5~10Pa；极压润滑系数 k_f≤0.16；膨润土含量：4%~5%；氯化钠含量：10%~15%。

（3）抗高温高密度钻井液体系设计要求。抗温：150℃；密度：1.50~1.55g/cm³；API 失水≤5mL；150℃下 HTHP 失水≤20mL；AV：35~45mPa·s；PV：30~35mPa·s；YP：5~10Pa；极压润滑系数 k_f≤0.16；膨润土含量：4%~5%。

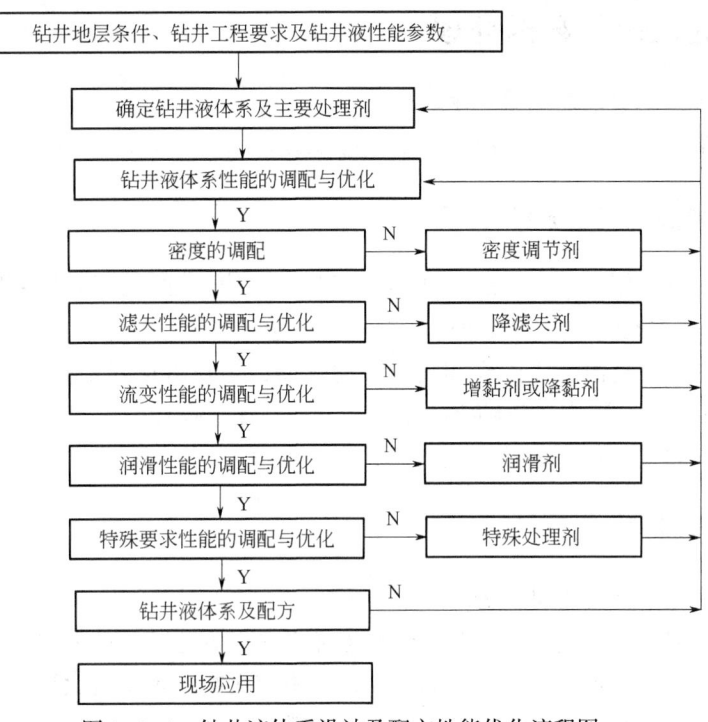

图 1-8-1　钻井液体系设计及配方性能优化流程图

（4）油基钻井液体系设计要求。抗温：120℃；密度：1.20~1.30g/cm³；中压 API 失水≤5mL；120℃下 HTHP 失水≤15mL；AV：25~35mPa·s；PV：20~27mPa·s；YP：5~8Pa；极压润滑系数 k_f≤0.08；有机膨润土含量：1.5%~2.5%。

2. 设计要求

（1）根据所选项目要求，通过文献调研、分析，设计出钻井液体系的初步配方，说明每一种处理剂（或材料）的选择依据及作用或功能。

（2）按设计方案进行钻井液体系性能初步评价和调配。

（3）分析体系性能的优缺点、环境性、经济性。

（4）撰写设计报告。

四、实验仪器及材料

1. 实验仪器

钻井液高速搅拌机；电子秤（精度 0.01g）；钻井液密度计；高温高压失水仪；高温滚子炉；六速旋转黏度计；极压润滑仪等。

2. 实验材料

膨润土；降黏剂；降滤失剂（纤维素类、淀粉类、人工合成类）；润滑剂；纯碱；烧碱；包被剂（K-PAM 或 FA-367）；降黏剂（XY-27）；加重剂（重晶石）；柴油或白油；自来水；油基钻井液处理剂（有机土、主辅乳化剂、润滑剂、降滤失剂、氯化钙、石灰等）；其他必要材料。

五、实验记录及数据处理

（1）根据实验需要设计实验记录表格。
（2）按要求表示出实验的最终指标及相应配方。

六、安全提示及注意事项

（1）充分了解使用仪器、药品、试剂的安全、环境、健康方面的性质和要求，按实验室安全要求做好个人健康、安全防护。
（2）实验中涉及高温高压操作和高速转动仪器，操作者应对所使用的设备有足够的熟练、正确操作能力，否则应在教师指导下完成，严禁违章操作。
（3）实验中的"三废"物质分类收集，集中处理。

七、思考题

（1）分析实验中所使用材料的作用及机理。
（2）举例说明当某一条件变化时，钻井液体系应做哪些相应的调整？
（3）分析钻井液体系中为什么膨润土含量既不应太高，也不宜太低。
（4）影响油包水乳化钻井液稳定性的因素有哪些？

实验九

钻井液润滑剂的制备及性能评价

（研究型实验 16~20 学时）

一、实验目的

（1）掌握油气田化学处理剂研发的完整过程和方法；
（2）理解油气田化学处理剂的分子结构、性质与其工程作用、作用原理之间的逻辑关系；
（3）拓展相关理论知识、巩固实验技能、了解行业发展前沿；
（4）培养学生根据工程实际需求，提出、分析、解决复杂工程问题的能力。

二、研究目标

（1）研制一种乳液型抗温钻井液用极压润滑剂，优化出最佳制备方案；
（2）极压润滑系数小于 0.10；
（3）抗温能力大于 120℃；
（4）API 失水不增加或降低；
（5）与其他钻井液处理剂有良好的配伍性。

三、参考研究路线

1. 天然植物油进行酯化改性

天然植物油包括菜籽油、橄榄油、大豆油及回收植物油等；该思路包括对其进行水解、酰胺化改性及加成等反应引入长碳链油性脂肪烃基、羟基、胺基等亲水基团和极压抗磨基团。

2. 合成酯类润滑剂

通过脂肪酸及其衍生物与一元醇或多元醇进行酯化反应合成酯类，包括单酯、双酯、复酯和多元醇酯等。

四、实验仪器及材料

1. 实验仪器

常用化学玻璃仪器；红外光谱仪；核磁共振仪；钻井液高速搅拌机；电子秤（精度0.01g）；电子天平（0.0001g）；钻井液密度计；高温高压失水仪；高温滚子炉；六速旋转黏度计；极压润滑仪等。

2. 实验材料

天然植物油；多元醇；磺化剂；钻井液材料等。

五、研究工作要求

（1）文献收集与分析：收集合成类润滑剂的相关文献，进行文献综述，分析其优缺点和发展趋势。

（2）方案设计：进行润滑剂分子结构初步设计、合成实验方案设计、评价实验方案设计、设计实验记录表。

（3）合成制备实验：研究主要条件对产品性能的影响，优化出最佳合成方案；通过现代分析测试手段表征产品分子结构。

（4）性能评价实验：评价其润滑性能及在钻井液中的综合性能。

（5）研究结果分析：分析各种合成条件对目标润滑剂性能的影响规律，分析合成样品对钻井液体系综合性能的影响，提出改进意见。

（6）撰写研究报告，进行答辩与交流。

六、安全提示及注意事项

（1）充分了解实验中所使用仪器、药品、试剂的安全、环境、健康方面的性质和要求，按实验室安全要求做好个人健康、安全防护。

（2）实验中涉及高温高压操作和高速转动仪器，操作者应对所使用的设备有足够的熟练、正确操作能力，否则应在教师指导下完成，严禁违章操作。

（3）实验中的"三废"物质分类收集，集中处理。

七、思考题

（1）以主要组成分类，钻井液润滑剂种类有哪些？不同种类钻井液润滑剂有何特点？
（2）钻井液润滑剂的作用机理有哪些？
（3）如何提高钻井液润滑剂的润滑系数降低率？
（4）钻井液润滑剂在钻井工程中有哪些工程作用？

实验十

钻井液用絮凝剂——聚丙烯酰胺钾盐的合成及性能评价

（研究型实验　16~20学时）

一、实验目的

（1）掌握油气田化学处理剂研发的完整过程和方法；
（2）理解油气田化学处理剂的分子结构、性质与其工程作用、作用原理之间的逻辑关系；
（3）拓展相关理论知识、巩固实验技能、了解行业发展前沿；
（4）培养学生根据工程实际需求，提出、分析、解决复杂工程问题的能力。

二、研究目标

（1）研制钻井液用絮凝剂——聚丙烯酰胺钾盐（K-PAM）；
（2）水解度：27%~35%；
（3）钾含量：≥11%；
（4）氯离子含量：≤7%；
（5）特性黏数：≥600mL/g；
（6）岩心线膨胀降低率：≥40%。

三、参考研究路线

（1）以丙烯酰胺（AM）为单体、氧化还原体系为引发剂，合成出 PAM 均聚物胶体，再用氢氧化钾水解 PAM 使其具有一定的水解度。
（2）按水解度的比例要求用 AM、丙烯酸钾为单体，氧化还原体系为引发剂，合成出 HPAM 钾盐无规聚物胶体。

四、实验仪器及材料

1. 实验仪器

常用化学玻璃仪器；红外光谱仪；核磁共振仪；钻井液高速搅拌机；电子秤（精度0.01g）；

电子天平（0.0001g）；钻井液密度计；高温高压失水仪；高温滚子炉；六速旋转黏度计；其他必要的仪器、设备。

2. 实验材料

丙烯酰胺（AM），化学纯或工业级；丙烯酸（AA），化学纯或工业级；氢氧化钾，化学纯或工业级；其他必要材料。

五、研究工作要求

（1）文献收集与分析：收集合成类絮凝剂的相关文献，进行文献综述，分析其优缺点和发展趋势。

（2）方案设计：进行絮凝剂分子结构初步设计、合成实验方案设计、评价实验方案设计、设计实验记录表。

（3）合成制备实验：研究单体比例、引发剂用量、反应温度、反应时间等合成条件对聚合物分子量的影响，优化出最近合成方案；通过红外、核磁等现代分析测试手段表征产品分子结构。

（4）性能评价实验：研究产品对钻井液中的流变性、滤失性、抑制性等性能的影响。

（5）研究结果分析：分析各种合成条件对目标絮凝剂的性能影响规律；分析合成样品对钻井液体系综合性能的影响，提出改进意见。

（6）撰写研究报告；进行答辩与交流。

六、安全提示及注意事项

（1）充分了解实验中所使用仪器、药品、试剂的安全、环境、健康方面的性质和要求，按实验室安全要求做好个人健康、安全防护。

（2）实验中涉及高温高压操作和高速转动仪器，操作者应对所使用的设备有足够的熟练、正确操作能力，否则应在教师指导下完成，严禁违章操作。

（3）实验中的"三废"物质分类收集，集中处理。

七、思考题

（1）为什么要将K-PAM的水解度控制在一定范围？
（2）为什么要控制K-PAM样品中的氯离子含量？
（3）K-PAM在钻井液中有哪些工程作用？其作用原理是什么？
（4）钻井液絮凝剂的选择性絮凝功能有什么作用？是如何实现的？

第二章 固井水泥浆体系

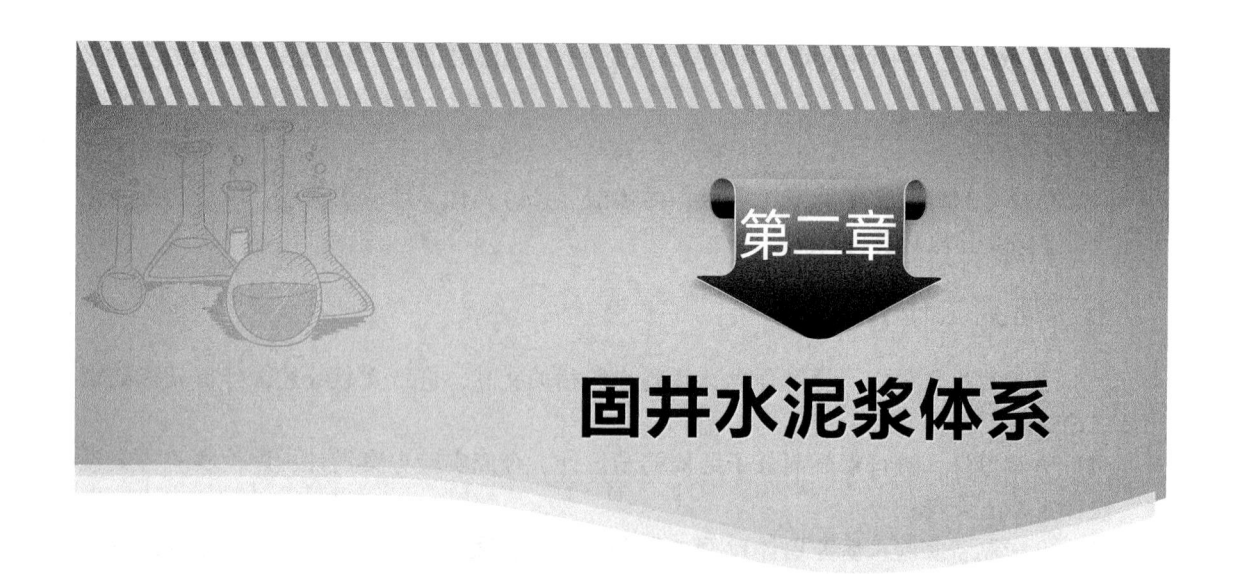

完井是指钻井完成后到油井交付使用前的一系列工作，主要包括测井、固井及质量检测、井口设备安装、洗井、射孔、压井、试油等工作。固井是油井完井过程中的主要环节，固井质量的好坏直接关系到该井的继续钻进以及后续完井、采油、修井等各项作业质量。固井作业有两个主要环节，即下套管和注水泥。通过注水泥施工，用油井水泥填充套管和井眼之间的环形空间。固井主要目的是隔绝流体在层间流动，支撑套管，防止管壁腐蚀，封隔漏失层或低压层等。注水泥过程是指配制水泥浆并将其从套管内向下泵送并上返至套管外环形空间，然后候凝一定时间的工艺过程。一般经过24~72h候凝之后，凝结形成的水泥石应具有良好的胶结性、较低的渗透率和较高的抗压强度。由于井下温度通常比地面温度高得多，注入过程的搅拌作用，以及油层保护、施工时间、固井质量等方面的要求，水泥浆及其形成的水泥石必须符合一定的要求。水泥浆的性能包括密度、流变性、失水、游离液（重力稳定性）、稠化时间；水泥石的性能包括抗压强度、韧性（抗形变能力）、收缩性、渗透性等，通常水泥浆的密度、流变性、失水、游离液（重力稳定性）、稠化时间及水泥石的抗压强度是每次固井都要调控、检测的指标。随着石油资源的不断减少而石油资源需求量的不断增加，以及钻井技术的不断提高，石油勘探开发向深层、海洋、特殊地层发展，深井、超深井以及特殊井越来越多，特别是在地质构造复杂、在恶劣的井下工况下注水泥，必须加入外加剂来调整水泥浆的各种性能，才能满足固井对质量和施工等方面的要求。同时，越来越苛刻的固井条件也要求研制新的、性能更好的外加剂来满足这些性能调整的需求。水泥浆及水泥石的各种性能指标不仅是固井设计、施工等工作的基础，也是外加剂新产品研究与应用中必须评价的参数，因此，相关实验方法、实验技能以及相关仪器的使用方法，不仅是本科学生应掌握的基本技能，也是油田现场工作技术人员常用的基本技术和方法。

实验一

水泥浆的配制及流动度、密度的测定

(基础型 2学时)

一、实验目的

(1) 掌握水泥浆配制的基本程序和方法及相关专业仪器的使用方法;
(2) 理解控制流动度、密度的工程意义;
(3) 了解水泥浆流动性能和密度的影响因素。

二、实验原理

油气田固井首先要将油井水泥、油井水泥外加剂、外掺料、水等配制成有一定流动性的浆体,然后从套管注入并用钻井液顶替到套管和地层之间的环形空间中,经过一定时间候凝形成水泥石与地层和套管相互胶结,以达到封隔地层目的。现场施工通常是利用高速水流(含部分外加剂)将水泥干灰(含部分外加剂或外掺料)混合搅拌成水泥浆,现场装置原理如图2-1-1所示。在实验室则使用标准的混合装置,将水泥、水、外加剂、外掺料配制成水泥浆,每次约600mL,实验仪器如图2-1-2所示。混合装置的搅拌速度和搅拌时间模拟了现场施工作业中水泥浆配制过程的剪切状态和剪切时间。配制水泥浆时先以低速[(4000±200)r/min]混拌15s,此期间全部水泥、外加剂、外掺料加于水中;再以高速[(12000±500)r/min]混拌35s。

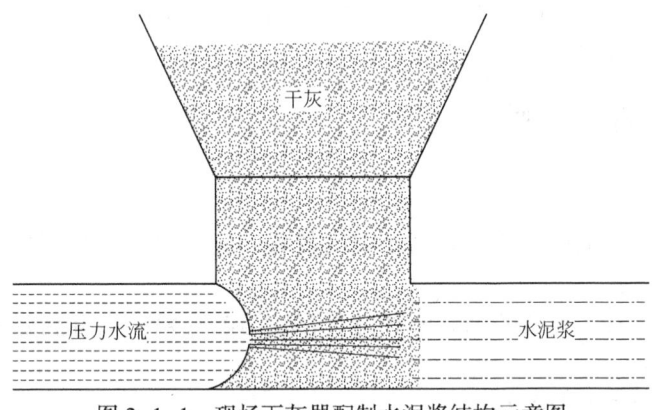

图 2-1-1 现场下灰器配制水泥浆结构示意图

水泥浆的密度是指单位体积的水泥浆的质量,通常用 g/cm^3(或 g/mL、kg/m^3)表示。水泥浆的密度由水泥、外加剂、外掺料的比例和水灰比(水与水泥干灰之比 W/C)或水固比(水和水泥等固体材料之比 W/S)决定。其测定原理是利用杠杆平衡原理,测定固定体积水泥浆的质量,这种方法已经制作成了一种专业的、标准的仪器,即密度计(或叫比重秤),实验仪器如图1-2-1所示。密度计可用27℃水(视其密度为 $1.00g/cm^3$)进行校正。

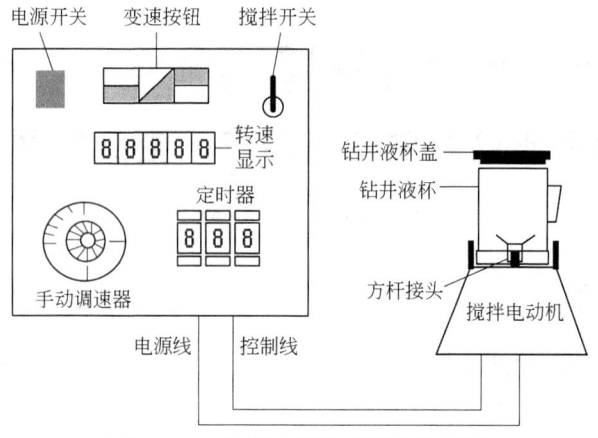

图 2-1-2　实验室搅拌器结构示意图

水泥浆的流动性能与固井质量和施工安全有重要关系，可以通过水灰比、外加剂来调整水泥浆的流动性。室内实验时，水泥浆的流动性能可以用流动度进行初步判断。其原理是在固定高度、上下直径的截锥圆模中装入水泥浆，提起模具，让水泥浆在润湿的玻璃面上自由流动 30s，以其在玻璃面上流动的直径大小，判断其流动性。

三、实验仪器及材料

1. 实验仪器

恒速搅拌器，符合 GB/T 10238 标准的混合装置（或类似搅拌器）；截锥圆模；密度计，$1.0 \sim 3.0 \text{g/cm}^3$；电子秤，精度 0.01g；直尺；玻璃板。

2. 实验材料

G 级高抗硫油井水泥；减阻剂 SXY（或其他减阻剂）；漂珠；钛铁矿粉；羟乙基纤维素 HEC（黏度为 10000~15000mPa·s）；自来水。

四、实验内容及步骤

1. 准备

（1）检查搅拌器主电源开关是否处于关闭位置，变速挡是否全部处于弹起状态，搅拌开关是否处于关闭状态。

（2）用少量水检查搅拌器的钻井液杯是否存在滴漏现象，如有滴漏现象要进行必要的处理，直至不漏为止。

（3）将搅拌计时器调节到 50s。

2. 称取水泥

用不锈钢盘在电子秤上称取水泥，称取干粉外加剂加入水泥中，混均。

3. 称取水

用钻井液杯在电子秤上称取液体外加剂和水。

4. 配浆

（1）将盛有水的钻井液杯放置在搅拌器上，仔细检查钻井液杯与方杆头连接是否正确。

(2) 将搅拌器的总电源打开，按下低速按钮。

(3) 打开搅拌开关，同时迅速将称好的水泥倒入浆杯。注意：不要使水或水泥浆溅出钻井液杯，水泥倒入要在 15s 内完成，盖上钻井液杯盖。

(4) 当计时器显示 15s 时，按下高速按钮，直至搅拌器自动停止。

(5) 将搅拌电动机开关关闭，按下转速复位按钮，关闭搅拌器总开关，取下钻井液杯；钻井液杯内的水泥浆即为按标准配制好的水泥浆。

5. 实验结束

用完水泥浆后，剩余水泥浆倒入指定的回收桶，及时清洗浆杯。

注：配制低密度水泥浆，为防止漂珠破碎，在 4000r/min 混拌 60s 即可。

6. 水泥浆密度、流动度的测定

(1) 实验配方。

1#：800.0g G 级高抗硫油井水泥+352.0g 自来水（$W/C = 0.44$）；

2#：800.0g G 级高抗硫油井水泥+400.0g 自来水（$W/C = 0.50$）；

3#：800.0g G 级高抗硫油井水泥+2.40g 减阻剂 SXY+352.0g 自来水（$W/C = 0.44$）；

4#：400.0g G 级高抗硫油井水泥+1.20g 减阻剂 SXY+200.0g 减轻剂（漂珠）+0.50g 悬浮剂 HEC+360.0g 自来水（$W/S = 0.60$）；

5#：500.0g G 级高抗硫油井水泥+1.50g 减阻剂 SXY+300.0g 加重剂（铁矿粉）+0.50g 悬浮剂 HEC+304.0g 自来水（$W/S = 0.38$）。

注：W/C 为水灰比，即配浆用水（water）与水泥（cement）的比例；W/S 为水固比，即配浆用水（water）与水泥和外掺固体材料（solid）的比例。

(2) 水泥浆密度的测定。按（1）所列配方配制水泥浆，将水泥浆倒入干净的密度计钻井液杯内，盖上钻井液杯盖，轻轻旋转和下压钻井液杯盖，让多余的水泥浆从钻井液杯盖中间小孔流出，用拇指压住小孔，用水冲洗钻井液杯外部的水泥浆，用毛巾擦干密度计，放在支架上，调节平衡游码使平衡指示气泡处于平衡标线中间，读取评价游码靠近支点一侧的数值，即为水泥浆的密度。

(3) 流动度的测定。用湿毛巾擦湿玻璃板，将水泥浆流动度试模放于玻璃板中央，倒入配制好的水泥浆，用玻璃棒刮去超过试模上平面多余的水泥浆，提起试模，让水泥浆自由流动 30s，用直尺测定展开的最大和最小的直径，以平均值表示其流动度，准确至 1mm。

五、实验记录及数据处理

(1) 实验配方和数据记录入表 2-1-1 和表 2-1-2。

表 2-1-1 水泥浆配制配方记录表

配方编号	配方组成
1#	
2#	
3#	
4#	
5#	

表 2-1-2　水泥浆密度、流动度数据记录表

配方编号	密度，g/cm³	流动度		
		最大，cm	最小，cm	平均，cm
1#				
2#				
3#				
4#				
5#				

（2）比较各种配方性能参数的变化，分析外加剂和外掺料对水泥浆性能有哪些影响。

六、安全提示及注意事项

（1）充分了解实验中所使用仪器、药品、试剂的安全、环境、健康方面的性质和要求，按实验室安全要求做好个人健康、安全防护。

（2）实验中涉及高速转动仪器，操作者应对所使用的设备有足够的熟练、正确操作能力，否则应在教师指导下完成，严禁违章操作。

（3）实验中的"三废"物质分类收集，集中处理。

七、思考题

（1）水泥浆配制过程中，为什么要在（4000±200）r/min 下混拌 15s，（12000±500）r/min 下混拌 35s？

（2）搅拌速度、搅拌时间会对水泥浆哪些性能会产生影响？

（3）有哪些因素影响水泥浆的密度？

（4）有哪些因素影响水泥浆的流动性？

实验二

水泥浆体系流变性和游离液的测定

（综合型实验　3学时）

一、实验目的

（1）掌握水泥浆流变性、游离液测定的基本方法、相关专业仪器的使用方法，以及利用相关软件处理数据的方法；

（2）理解油井水泥减阻剂的作用原理及调控水泥浆流变性、游离液的工程意义；

（3）了解影响水泥浆流变性、游离液的因素，及其对固井质量的影响。

二、实验原理

控制水泥浆的流变特性是注水泥技术的重点之一，它直接关系到固井设计、固井施工参

数、固井作业的安全、固井作业的质量和成本。流变性是指流体的剪切速度和剪切应力的关系。水泥浆的流变性是通过测定不同剪切速度下水泥浆的剪切应力来确定，主要是确定水泥浆的流体类型、水泥浆的流变参数。流变学中根据流体不同的特性分为不同的流体类型：牛顿流体、塑性流体、假塑性流体、膨性流体（图2-2-1）。流变方程是对不同流体剪切应力与剪切速率之间关系的定量描述。水泥浆是非牛顿流体，黏度是剪切速率的函数。对于不同的流体类型工程上提出了各种数学模型来描述其流变特性，油气田工程中，塑性流体用宾汉方程（Bingham）来描述，假塑性流体用幂律方程（P-L）来描述。水泥浆的流变参数是固井设计中必用的参数，因此，必须通过实验确定其流变参数。

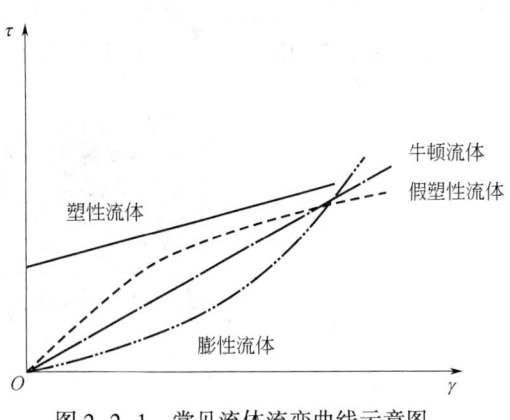

图2-2-1 常见流体流变曲线示意图

宾汉模式流体的剪切应力和剪切速率的关系为：

$$\tau = \tau_0 + \mu_p \times \gamma \tag{2-2-1}$$

式中　τ——剪切应力，Pa；
　　　τ_0——屈服值（YP），Pa；
　　　μ_p——塑性黏度（PV），Pa·s；
　　　γ——剪切速率，s^{-1}。

当τ_0为零时，则变为牛顿流体模式。

幂律模式流体的剪切应力和剪切速率的关系为：

$$\tau = k \times \gamma^n \tag{2-2-2}$$

式中　τ——剪切应力，Pa；
　　　k——稠度系数，Pa·s^n；
　　　γ——剪切速率，s^{-1}；
　　　n——流性指数，量纲为1。

k值反映了水泥浆的稀稠程度，k越大，表明水泥浆越黏稠；n值则反映水泥浆非牛顿流体性质的强弱。在多数情况下，水泥浆的$n<1$；当水泥浆的n接近于1时，在一定剪切速率下的表观黏度趋于一个常数，则该水泥浆趋近于牛顿流体的流变模式；当水泥浆$n>1$时，表明流体应为膨性流体，但在水泥浆体系中这种情况一般少见，如果出现$n>1$的情况，通常表明水泥浆有沉降（不稳定）现象，此情况下测定和计算的流变参数是不准确的。

水泥浆流变性测定方法是将水泥浆在指定的温度下，在稠化仪中（图2-2-2）预制20min后，用旋转黏度计测量其剪切应力与剪切速度的关系，测定仪器和原理如图2-2-3所示；当温度高于87℃时应使用高温高压旋转黏度仪。

水泥浆的游离液是水泥浆在静置一定时间内析出的无色或有色的液体。水泥浆是一种高浓度固相颗粒的悬浮液，尽管水泥浆是具有一定黏度的结构性流体，但由于固相颗粒密度与液相密度差较大，水泥浆仍然是一种重力场不稳定体系，即水泥浆体系中较重的水泥颗粒可能沉降而上层有液体析出，因此，水泥浆的游离液本质上反映了水泥浆的重力稳定性。水泥浆的游离液多，说明其重力稳定性差，往往是造成气窜、固井质量差和事故的原因之一。其测定原理是将水泥浆在指定的温度下，在稠化仪中稠化20min后，倒入专用的游离液实验用锥形瓶（图2-2-4），测定2h水泥浆析出游离液体积占水泥浆总体积的百分数。

图2-2-2 常压稠化仪图　　视频2 常压稠化仪操作规程

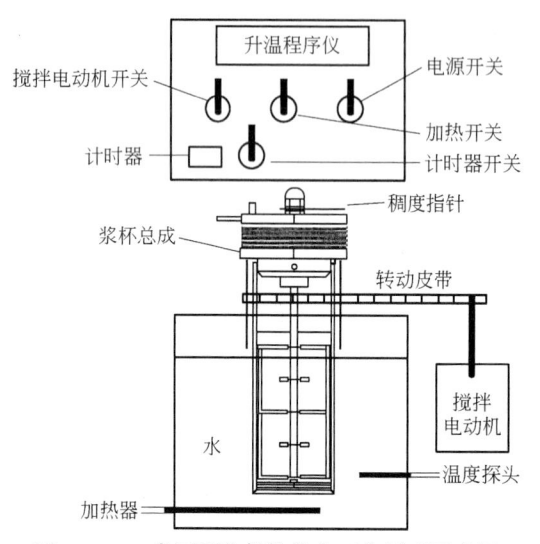

图2-2-3 常压稠化仪结构和工作原理示意图 　　图2-2-4 游离液测定用锥形瓶

$$FF = \frac{V_f}{V_s} \times 100\% \qquad (2\text{-}2\text{-}3)$$

式中　FF——游离液体积百分数，%；
　　　V_f——游离液体积，mL；
　　　V_s——水泥浆体积，mL。

三、实验仪器及材料

1. 实验仪器

电子秤（精度0.01g）；游离液测定用锥形瓶；常压稠化仪。

2. 实验材料

G级高抗硫油井水泥；油井水泥减阻剂SXY（或其他减阻剂），工业品；油井水泥降失水剂（纤维素类），工业品；油井水泥降失水剂（合成类），工业品；自来水。

四、实验内容及步骤

1. 水泥浆流变性的测定

（1）准备：安装旋转黏度计的转子，接通电源；打开常压稠化仪电源开关，设定实验温度，打开加热开关预热到指定温度。

（2）配浆：按配方进行配浆。

（3）水泥浆预制：将配好的水泥浆倒入常压稠化仪钻井液杯内至刻度线，安装上搅拌桨叶和稠度读数头，放入常压稠化仪中，打开计时器开关、电动机开关稠化20min，记录初始稠度和稠度随时间变化情况。

（4）当时间报警器报警时，表明稠化已到20min，立即关闭电动机开关和加热开关，用毛巾取出钻井液杯，拆下稠度读数头和桨叶。

（5）将稠化后的水泥浆用搅拌棒适当搅拌均匀，水泥浆倒入旋转黏度计钻井液杯中至钻井液杯内刻度线；剩余水泥浆保留待用。

（6）将装好水泥浆的钻井液杯放在位置调节支架板上，对好固定点并使固定足到位；调整支架位置高度，使水泥浆至旋转黏度计转子外的刻度线。

（7）调节转速控制挡位置到转速为3r/min，打开搅拌电动机开关，搅拌10s，读数。

（8）依次调节转速挡位，在3r/min、6r/min、100r/min、200r/min、300r/min、600r/min的转速下搅拌10s后读取不同转速下的剪切应力值（格），再依次由高速到低速调节转速挡位读取剪切应力值，每次读数后应立即将转速调至下一挡。

（9）实验结束后，关闭黏度计电动机开关，取下钻井液杯，水泥浆到回搪瓷杯中，搅拌均匀，用作游离液测定用。

2. 游离液的测定

（1）将1.（9）的水泥浆和1.（5）剩余的水泥浆混合并搅拌均匀，倒入干燥有刻度的游离液测定锥形瓶中至250mL，用塑料薄膜盖住量瓶口以免水分蒸发；静置2h。

（2）用吸管吸取水泥浆上部的游离液，用10mL量筒测定游离液的体积。

（3）水泥浆有固化特性，实验结束后应及时清洗仪器。

（4）按上述方法和下列配方测定不同水泥浆体系的流变性和游离液。

1#：800.0g G级高抗硫油井水泥+352.0g自来水。

2#：800.0g G级高抗硫油井水泥+400.0g自来水。

3#：800.0g G级高抗硫油井水泥+2.40g减阻剂SXY+352.0g自来水。

4#：800.0g G级高抗硫油井水泥+4.00g减阻剂SXY+12.0g纤维素类降失水剂（干粉）+352.0g自来水。

5#：800.0g G级高抗硫油井水泥+4.00g减阻剂SXY+40.0g的合成类降失水剂（水剂）+352.0g自来水。

五、实验记录及数据处理

（1）实验数据记录入表2-2-1和表2-2-2。

表 2-2-1 水泥浆流变性、游离液测定实验配方记录表

配方编号	配方组成
1#	
2#	
3#	
4#	
5#	

表 2-2-2 水泥浆流变性、游离液测定实验数据记录表

配方编号		流变性读数，格（或°）						V_s mL	V_f mL	FF %
		Φ_{600}	Φ_{300}	Φ_{200}	Φ_{100}	Φ_6	Φ_3			
1#	递增									
	递减									
	平均									
2#	递增									
	递减									
	平均									
3#	递增									
	递减									
	平均									
4#	递增									
	递减									
	平均									
5#	递增									
	递减									
	平均									

（2）数据处理。

① 利用 Excel 或 Origin 作出剪切应力与剪切速度关系图，并进行相关流变模式的拟合。

② 流变模式的选用。

由于水泥浆是非牛顿液体，不同配方体系的水泥浆可能属于不同的流体类型，因此，应根据实验测定的流变性能来选择最适合它的流变模式，选择原则是以实验水泥浆的剪切速率与剪切应力对不同模式的吻合程度为准。流变模式的选择可以用回归法，通过比较相关系数来确定；也可以用线性比较法（F 比值法）来确定。

回归法是将实验数据分别用两种模式进行线性回归处理，然后比较其相关系数，相关系数高的符合程度高，即可选择相关系数高的模式进行实际计算。

线性比较法（F 比值法）的基本原理是判断在一定的剪切速率范围内，流变曲线与直线关系（宾汉模式流体的流变曲线就是带一定截距的直线）的符合程度。其方法是：比较一定的剪切速率范围内，当剪切速率差增加一倍时，剪切应力差变化了多少。显然，当剪切速率差增加一倍时，如果剪切应力差也增加一倍，则在所选定的剪切速率范围内，流变曲线

是符合直线关系，即流体的流变模式符合宾汉模式；当剪切速率差增加一倍时，剪切应力差增加量接近一倍关系（误差在一定范围内），也认为其流变性符合宾汉模式；否则，当其误差超过一定范围时，则认为其符合幂律模式（图 2-2-5）。

其判定方法是用旋转黏度计在 300r/min、200r/min、100r/min 下测得的黏度读数值计算 F，F 计算公式为：

$$F = \frac{\Phi_{200} - \Phi_{100}}{\Phi_{300} - \Phi_{100}} \quad (2\text{-}2\text{-}4)$$

式中，Φ_{300}、Φ_{200}、Φ_{100} 分别表示转速为 300r/min、200r/min、100r/min 时水泥浆度的读数格，度（°）。

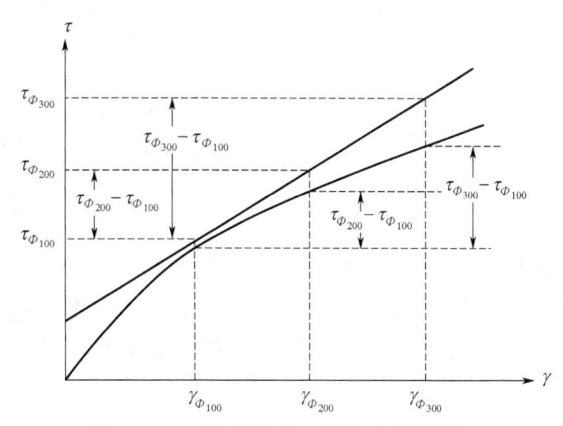

图 2-2-5 流变模式 F 比较法原理图

当 $F = 0.5 \pm 0.03$ 时选用宾汉流变模式计算流变参数，$F \neq 0.5 \pm 0.03$ 时则选用幂律流变模式计算流变参数。

③ 流变参数的计算。

宾汉模式流变参数按公式(2-2-5) 计算：

$$\begin{aligned} \mu_\mathrm{p} &= 0.0015(\Phi_{300} - \Phi_{100}) \\ \tau_0 &= 0.511\Phi_{300} - 511\mu_\mathrm{p} \end{aligned} \quad (2\text{-}2\text{-}5)$$

幂律模式流变参数按公式(2-2-6) 计算：

$$\begin{aligned} n &= 2.0961 \lg\left(\frac{\Phi_{300}}{\Phi_{100}}\right) \\ k &= \frac{0.511\Phi_{300}}{511^n} \end{aligned} \quad (2\text{-}2\text{-}6)$$

④ 流变参数的应用。

流变参数可以用来计算固井时达到紊流顶替所需的临界流速和临界排量。工程中一般要求水泥浆在环空中流动时处于紊流状态，需要确定达到紊流的临界流速 V_c，为设计施工流速作依据，则需要先知道塑性流体紊流的临界雷诺数，然后计算出临界流速 V_c。不同流态的流体计算方法不同。

a. 对于塑性流体：雷诺数 Re_BP 与流体的流速 V、流体的流变参数（塑性黏度 μ_p、屈服值 τ_0）、流体的密度 ρ 及环空工程参数（D_o、D_h）有如下关系：

$$Re_\mathrm{BP} = \frac{K_{Re_\mathrm{BP}} \cdot V \cdot \rho \cdot (D_\mathrm{h} - D_\mathrm{o})}{\mu_\mathrm{p}} \quad (2\text{-}2\text{-}7)$$

式中，D_o、D_h 分别为环空内径、外径，单位为 m；ρ 为水泥浆密度，单位为 kg/m³；当单位为 SI 单位时，K_{Re_BP} 为 1。

塑性流体紊流的临界雷诺数 Re_BP2 按公式(2-2-8) 计算：

$$Re_\mathrm{BP2} = \frac{He(0.968774 - 1.362439 \times \alpha_\mathrm{c} + 0.1600822 \times \alpha_\mathrm{c}^4)}{12\alpha_\mathrm{c}} \quad (2\text{-}2\text{-}8)$$

式中，He 为赫兹数，单位为 1；α_c 为临界核隙比，单位为 1；分别按式(2-2-9)、式(2-2-10)

计算：

$$He = \frac{K_{He} \cdot \tau_0 \cdot \rho \cdot (D_h - D_o)}{\mu_p^2} \quad (2\text{-}2\text{-}9)$$

$$\alpha_c = \frac{3}{4} \frac{\left(\frac{2He}{24500} + \frac{3}{4}\right) - \sqrt{\left(\frac{2He}{24500} + \frac{3}{4}\right)^2 - 4\left(\frac{2He}{24500}\right)^2}}{2\left(\frac{He}{24500}\right)} \quad (2\text{-}2\text{-}10)$$

其中，当单位为 SI 单位时，K_{He} 为 1。

当计算出塑性流体紊流的临界雷诺数 Re_{BP2} 后，根据塑性黏度 μ_p、屈服值 τ_0、密度 ρ，按公式 (2-2-11) 计算塑性流体紊流的临界流速 V_c：

$$V_c = \frac{\mu_p \cdot Re_{BP2}}{K_{Re_{BP}} \cdot \rho \cdot (D_h - D_o)} \quad (2\text{-}2\text{-}11)$$

从式 (2-2-11) 和式 (2-2-7) 可知，在 D_h、D_o 和 ρ 不变时，水泥浆紊流的临界流速 V_c 取决于塑性黏度 μ_p。当施工过程中，如果在环空中塑性流体的实际流速 V 大于临界流速 V_c 时，Re_{BP} 必定大于 Re_{BP2}，则在环空中塑性流体必定处于紊流状态。塑性黏度 μ_p 值越小，临界流速 V_c 越小，即工程中可在较小排量下实现紊流顶替。

b. 对于幂律流体：雷诺数 Re_{PL} 与流体的流速 V、流体的流变参数（流性指数 n、稠度系数 k）、流体密度 ρ 及环空参数（D_o、D_h）有如下关系：

$$Re_{PL} = \frac{K_{Re_{PL}} \cdot \rho \cdot V^{2-n} (D_h - D_o)^n}{8^{n-1} [(3n+D)/4n]^n k} \quad (2\text{-}2\text{-}12)$$

式中，按 SI 单位计算时常数 $K_{Re_{PL}} = 1$；V 为流体的平均流速，m/s。

幂律流体达到紊流的临界雷诺数 Re_{PL2} 按公式 (2-2-13) 计算：

$$Re_{PL2} = 4150 - 1150 \times n \quad (2\text{-}2\text{-}13)$$

则幂律流体紊流的临界平均流速 V_c 按公式 (2-2-14) 计算。

$$V_c = \left\{ \frac{8^{n-1} [(3n+1)/2n]^n \cdot k \cdot Re_{PL2}}{K_{Re_{PL}} \times \rho \times (D_h - D_o)^n} \right\}^{[1/(2-n)]} \quad (2\text{-}2\text{-}14)$$

式中，D_o、D_h 分别为环空内径、外径，m；ρ 为水泥浆密度，g/cm³。

从式 (2-2-13) 和式 (2-2-14) 可知，在 D_h、D_o 和 ρ 不变时，水泥浆紊流的临界流速 V_c 取决于 n 和 k 值。当施工过程中，如果幂律流体的实际流速 V 大于临界流速 V_c 时，Re_{PL} 必定大于 Re_{PL2}，则在环空中幂律流体必定处于紊流状态。流性指数 n 值越大，稠度系数 k 值越小，临界流速 V_c 越小，即工程中可在较小排量下实现紊流顶替。

(3) 游离液体积百分数按公式 (2-2-3) 计算。

六、安全提示及注意事项

(1) 充分了解实验中所使用仪器、药品、试剂的安全、环境、健康方面的性质和要求，按实验室安全要求做好个人健康、安全防护。

(2) 实验中涉及高温操作和高速转动仪器，操作者应对所使用的设备有足够的熟练、正确操作能力，否则应在教师指导下完成，严禁违章操作。

（3）实验中的"三废"物质分类收集，集中处理。

七、思考题

（1）什么是流变性？影响水泥浆流变性的因素有哪些？
（2）减阻剂作用原理是什么？
（3）流变性对固井质量有何影响？
（4）影响水泥浆的流变性和重力稳定性的因素有哪些？

实验三

水泥浆体系失水的测定

（综合型实验　3学时）

一、实验目的

（1）掌握水泥浆失水测定的基本原理和高温高压失水仪的使用方法；
（2）理解降失水剂的作用原理及控制水泥浆失水的工程意义；
（3）了解影响水泥浆失水的因素和水泥浆失水对固井工程的影响。

二、实验原理

水泥浆中的液相在压差作用下通过井壁渗入地层的现象称为水泥浆的失水。水泥浆的失水会造成水泥浆体系中水溶性外加剂绝对含量的变化，可能造成稠化时间缩短、桥堵、气窜等固井事故。控制水泥浆的失水是保持水泥浆整体性能在施工过程中稳定性和与设计的一致性的关键。水泥浆失水的测定原理是在标准规定的条件（温度、压差和时间）下，测定水泥浆通过一定面积的滤网滤失出的液相的体积。仪器工作原理如图2-3-1和图2-3-2所示。

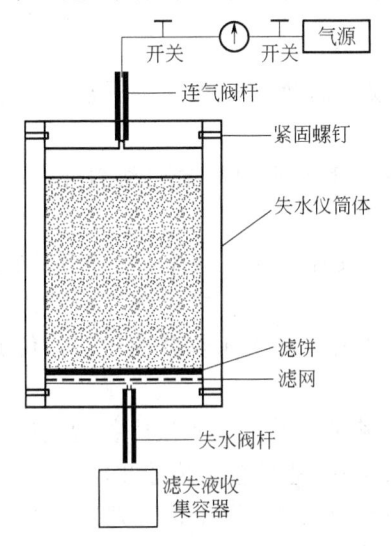

图2-3-1　静态失水仪结构及原理示意图 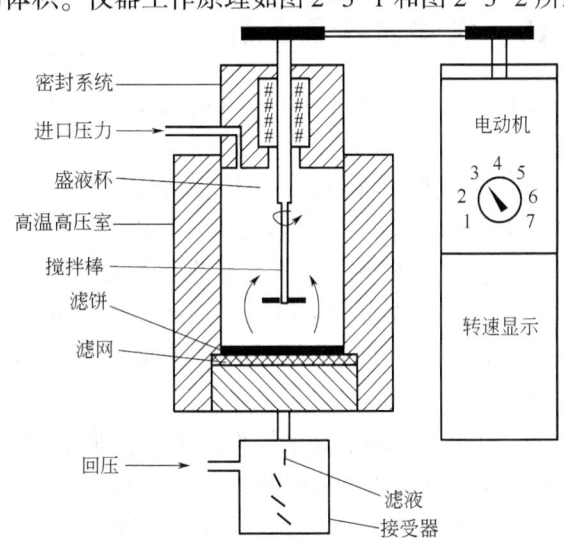　　图2-3-2　动态失水仪结构及原理示意图

水泥浆的高压失水量是将配制好的水泥浆在指定温度下稠化20min后，在（6900±300）kPa压力下测定水泥浆失水量。

失水的计算与表示：如果30min前未出现"气穿"现象（即气体从滤网端穿过），记录30min的失水的体积，其体积乘以2即为该水泥浆的失水。如果30min前出现"气穿"现象，记录"气穿"时间（或收集失水时间）t和滤失量Q_t，其30min失水量按下式计算：

$$Q_{30} = 2 \times Q_t \frac{5.477}{\sqrt{t}} \tag{2-3-1}$$

式中　Q_{30}——30min的标准失水，mL；

Q_t——t时所测得的失水量，mL；

t——"气穿"时的实测失水时间，min。

注1：标准规定的滤网面积为45.2cm^2，公式（2-3-1）中乘以2是因为使用滤网面积22.6cm^{2}的失水仪；如果用滤网面积45.2cm^{2}的失水仪，则不需要乘以2。

注2：实验结果表述时，如果满30min的失水记为"API失水"，实验不到30min的失水应记录为"计算的失水"。

三、实验仪器及材料

1. 实验仪器

恒速搅拌器；温度计；电子秤（精度0.01g）；电子天平（精度0.0001g）；常压稠化仪；高温高压失水仪；量筒。

2. 实验材料

G级高抗硫油井水泥；油井水泥减阻剂；合成高分子降失水剂；纤维素类降失水剂HS-2A（或同类降失水剂）；聚乙烯醇PVA1788（或同类降失水剂）；油井水泥缓凝剂；自来水。

四、实验内容及步骤

（1）失水仪浆筒预热：关闭接气端连接杆，将失水仪浆筒放到失水仪中预热到实验温度。

（2）配浆和水泥浆的预制：按配方表给出的配方进行水泥浆的配制和预制（温度：70℃；压力：常压），方法参见实验一和实验二。

（3）失水仪浆筒的装配：用毛巾将失水仪浆筒取出，放到专业支架上；取出预制好的水泥浆，倒入失水仪浆筒内刻度线；以O形橡胶垫、滤网、封头、失水阀杆的顺序依次装好附件（不同厂家仪器参考说明书装配）；关闭失水阀杆，将失水仪浆筒倒置，使滤网端向下。

（4）失水的测定：将装配好的失水仪浆筒用专业工具和毛巾装入失水仪中；检查确认气瓶减压阀的开关处于关闭状态；连接气源头，插入挡销，检查是否连接正确和牢固；开启气瓶总阀，调节减压阀开关至压力至（6900±300）kPa；用专用工具打开上连气阀杆（90°~180°）；在失水阀下端放好量筒，用专用工具打开下部失水阀杆（90°~180°），同时记录不同时间和失水量。

（5）失水仪的拆卸：失水实验结束后，关闭失水阀杆；关闭上端连气阀杆；关闭气瓶总阀；打开上端管路放气阀；确认上端管路气体排放完全，关闭减压阀开关，拔开挡销，取下气体连接头；用专用工具打开连气阀杆，慢慢放空失水仪浆筒内的气体；用专用工具将浆筒取出，并放入水槽中冷却至室温；将失水仪浆筒放到专用支持架上，再次检查浆筒内气体是否放完，在确认浆筒内气体是否放完的情况下，拆卸下紧固螺钉、封头、O形橡胶垫、滤网，倒出水泥浆；清洗仪器及配件。

（6）实验配方。

1#：800.0g G级高抗硫油井水泥+352.0g自来水。

2#：800.0g G级高抗硫油井水泥+2.40g减阻剂SXY+352.0g自来水。

3#：800.0g G级高抗硫油井水泥+4.00g减阻剂SXY+12.0g降失水剂（HS-2A）+352.0g自来水。

4#：800.0g G级高抗硫油井水泥+2.40g减阻剂SXY+4.8g聚乙烯醇（1788）+(0.1~0.3g)消泡剂+352.0g自来水。

5#：800.0g G级高抗硫油井水泥+2.40g减阻剂SXY+40.0g降失水剂（合成水溶液）+352.0g自来水（含降失水剂中的水）。

五、实验记录及数据处理

（1）实验数据记录入表2-3-1和表2-3-2。

表2-3-1 失水实验配方记录表

配方编号	配方组成
1#	
2#	
3#	
4#	
5#	

表2-3-2 失水实验数据记录表

配方编号	时间, min	1/6	1/2	1	2	5	7.5	10	15	25	30	Q_{30}
1#	失水量, mL											
2#	失水量, mL											
3#	失水量, mL											
4#	失水量, mL											
5#	失水量, mL											

（2）数据处理。

① 以失水量对失水时间作图，比较分析纯水泥浆和有降失水剂的水泥浆体系的失水趋势。

② 按公式(2-3-1)计算不同水泥浆体系的失水。

六、安全提示及注意事项

（1）充分了解实验中所使用仪器、药品、试剂的安全、环境、健康方面的性质和要求，按实验室安全要求做好个人健康、安全防护。

（2）实验中涉及高温、高压操作和高速转动仪器，操作者应对所使用的设备有足够的熟练、正确操作能力，否则应在教师指导下完成，严禁违章操作。

（3）高温高压失水仪使用时，在打开高压气源前，应保证各部位连接牢固、可靠；拆卸装置时，如果紧固螺钉无法打开，一般表明浆筒内有气体，务必确认放完压力，再进行拆卸。

（4）实验中的"三废"物质分类收集，集中处理。

七、思考题

（1）为什么要控制水泥浆的失水？
（2）影响水泥浆体系失水的因素有哪些？
（3）不同类型降失水剂的作用机理是什么？
（4）降失水剂对水泥浆体系哪些性能产生了影响？

实验四

水泥浆体系稠化时间和抗压强度的测定

（综合型　4学时）

一、实验目的

（1）掌握水泥浆凝结时间、稠化时间和抗压强度测定的基本方法及相关专业仪器使用方法；
（2）理解油井水泥调凝剂的作用原理及控制水泥浆体系稠化时间的工程意义；
（3）了解影响水泥浆稠化时间和抗压强度的因素。

二、实验原理

水泥浆在适当的时间内从浆状体转变石状体是水泥固井的要求之一。水泥浆从浆状体转变石状体过程中，水泥浆的黏度不断增大，当水泥浆的黏度增大到一定程度时，水泥浆就失去流动性，即视为不可泵送。固井中要求水泥浆在到达预定的位置前应保持浆状体，即可流动或可泵送。水泥的可泵送时间称为稠化时间；工程上，稠化时间是指水泥浆的稠度达到100Bc的时间，是水泥浆可泵送的极限时间。稠化时间可以用高温高压稠化仪、常温常压稠化仪、凝结时间等方法测定。高温高压稠化仪能完全模拟固井过程中水泥浆的剪切速率、压力变化、温度变化等情况，这些变化可以通过程序设定来模拟，不同的固井条件所需的设定参数，可以通过标准查得，稠化时间测定的原理和仪器如图2-4-1所示。现场施工中，水泥浆的准确可泵送时间（稠化时间）必须用高温高压稠化仪测定。常温常压稠化仪、凝结时间等方法也可以粗略判定水泥浆可泵送时间，在固井配方优选和外加剂性能研究中也常用常温常压稠化时间、凝结时间来初步判定水泥浆的可泵送时间。高温高压稠化仪测定的稠化时间一般比常温常压稠化仪、凝结时间测定的时间短。凝结时间通过一定重量的钢针在水泥浆中能针入的深度来表示。其测量仪器称为维卡仪，如图 2-4-2 所示。

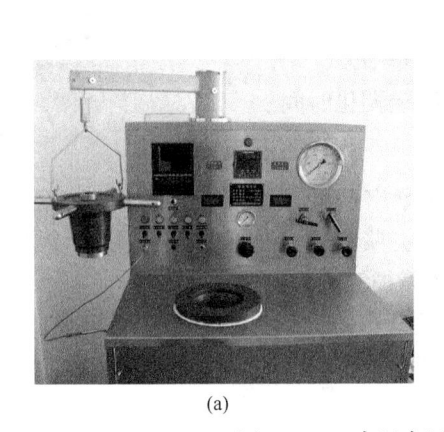

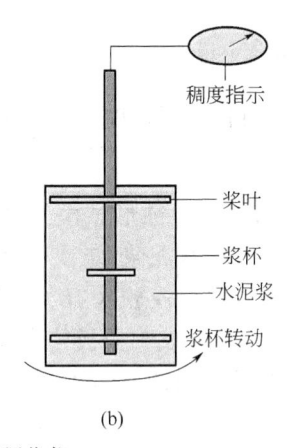

图 2-4-1　高温高压稠化仪结构及原理图

视频 3　高温高压稠化仪操作规程

水泥石在一定的时间内具有足够的抗压强度是固井对水泥浆性能的另一要求。水泥浆抗压强度的测定原理：在模拟地层温度、压力、候凝时间等条件下，将水泥浆养护成标准尺寸的正方体水泥石，用抗压强度实验机测定使水泥石结构破坏时需要的压力，从而计算出水泥石的单位面积上能承受的破裂压力。计算公式如下：

$$p=\frac{N}{S}\times 10^{-6} \quad (2-4-1)$$

式中　p——水泥石的抗压强度，MPa；
　　　N——水泥石的破裂压力，N；
　　　S——水泥石的受力面积，m^2。

图 2-4-2　维卡仪

三、实验仪器及材料

1. 实验仪器

电子秤（精度 0.01g）；常压稠化仪；高温高压稠化仪；增压稠化仪；增压养护釜；维卡仪；强度养护磨具；抗压强度实验机。

2. 实验材料

G 级高抗硫油井水泥；减阻剂 SXY（或其他减阻剂）；促凝剂（$CaCl_2$ 或其他促凝剂）；缓凝剂（SN-3 或其他缓凝剂）；自来水。

四、实验内容及步骤

1. 实验配方

1#：800.0g G 级高抗硫油井水泥+2.40g 减阻剂 SXY+352.0g 自来水。

第二章　固井水泥浆体系

2#：800.0g G级高抗硫油井水泥+2.40g 减阻剂 SXY+24.0g 促凝剂 $CaCl_2$+352.0g 自来水。

3#：800.0g G级高抗硫油井水泥+2.40g 减阻剂 SXY+0.80g 缓凝剂 SN-3+352.0g 自来水。

2. 按配方表配制水泥浆

1#~3#用于测定凝结时间和抗压强度；3#用于测定稠化时间。

3. 凝结时间测定

（1）将玻璃板涂上黄油，放上锥形试模，确保紧密接触且不漏；将配制好的水泥浆倒入锥形试模中，用玻棒或直尺捣水泥浆 27 次，使水泥浆尽可能充满试模。用直尺刮去多余的水泥浆，盖好上玻璃盖板，将试模放入 70℃水浴养护箱中养护。

（2）每 0.5h 取出试模，将上玻璃盖板移去，抬起重锤和钢针，放上锥形试模，使针尖接触试模上水泥石面，让重锤和钢针自由落下，当钢针不能扎入底部 1~3mm 时，为初凝；当钢针入只能扎入上部 1~3mm 时，为终凝。

4. 强度测定

将配制好的水泥浆倒入标准强度测定试模中，用玻棒或直尺捣水泥浆 27 次，使水泥浆尽可能充满试模。用直尺刮起多余的水泥浆，盖好盖板，将试模放入增压养护釜中，设定养护程序，在 105℃下养护 24h 后，取出试模、脱模，水泥石放入冷水中冷却至室温，在抗压强度实验机上测定水泥石破碎的最小压力。

5. 稠化时间测定

（1）配浆：按实验一中方法配浆。

（2）稠化时间测定：分别用常压稠化仪和增压稠化仪测定配方 3 在 90℃下的常压稠化时间和高温高压稠化时间，记录水泥浆稠度随时间变化趋势。稠化仪的操作见仪器使用说明书。

（3）当水泥浆稠度达到 100Bc 时，停止实验，及时倒出水泥浆，及时清洗仪器、设备。

五、实验记录及数据处理

（1）实验数据记录入表 2-4-1~表 2-4-3。

表 2-4-1 水泥浆凝结时间测定数据表

实验配方					
养护条件	温度：	℃；	压力：	MPa；	时间： h
测定时间，min					
针入深度，mm					
测定时间，min					
针入深度，mm					
实验结果	初凝时间：		min；	终凝时间：	min；

表 2-4-2　水泥浆抗压强度测定数据表

实验配方			
养护条件	温度：　　　℃；	压力：　　　MPa；	时间：　　　h
试件变化	1	2	平均
破裂压力，kN			
试件面积，m^2			
抗压强度，MPa			

表 2-4-3　水泥浆常压稠化时间测定数据表

实验配方			
实验条件	温度：　　　℃；	压力：　　　MPa；	
测定时间，min			
稠度，Bc			
测定时间，min			
稠度，Bc			
测定时间，min			
稠度，Bc			
实验结果	40Bc 时间：　　min；	100Bc：　　min；	

（2）数据处理。

① 用 min 为单位表示水泥浆的初凝和终凝时间。

② 按公式(2-4-1) 计算水泥石的抗压强度。

③ 用水泥浆稠度对稠化时间作图，绘制出常压稠化曲线；打印出高温高压稠化时间，表示出水泥浆的稠化实验的条件（温度和压力）和水泥浆稠化时间。

六、安全提示及注意事项

（1）充分了解实验中所使用仪器、药品、试剂的安全、环境、健康方面的性质和要求，按实验室安全要求做好个人健康、安全防护。

（2）实验中涉及高温、高压操作和高速转动仪器，操作者应对所使用的设备有足够的熟练、正确操作能力，否则应在教师指导下完成，严禁违章操作。

（3）实验中的"三废"物质分类收集，集中处理。

七、思考题

（1）什么是水泥浆的稠化时间？测定稠化时间有何工程意义？

（2）影响水泥浆稠化时间的因素有哪些？

（3）$CaCl_2$ 的促凝机理是什么？缓凝的作用机理是什么？

（4）什么是抗压强度？影响抗压强度的因素有哪些？

实验五

固井水泥浆体系的设计与性能优化

（设计型实验 16~20 学时）

一、实验目的

（1）掌握固井水泥浆体系设计与优化的基本程序和方法；
（2）理解固井水泥浆体系各种性能指标的工程意义及各种油气田化学处理剂的作用原理；
（3）巩固水泥浆性能实验基本方法和专业仪器使用方法；
（4）培养学生的工程设计能力。

二、设计概述

固井根据工程要求不同分为表层套管固井、技术套管固井、油层套管固井、尾管固井、斜井固井、水平井固井、挤水泥作业等种类。常见固井的井身结构如图 2-5-1 所示。对于每一口具体的油气井固井，由于井的类型、层位、地质条件、钻井液体系、工程条件等的不同，其要求完全不同，在每一口井的设计中，一般根据固井的各种条件、技术要求提出了一系列性能参数和施工参数。主要设计要求包括：水泥浆用量要满足返高要求；水泥浆液柱压力大于地层油气压力，同时小于地层破裂压力；水泥浆性能要与钻井液性能相适应；水泥浆性要满足紊流顶替要求；稠化时间满足安全泵送要求；失水、游离液、抗压强度满足工程要求；其他特殊要求，如防气窜、防腐蚀、高温强度等。

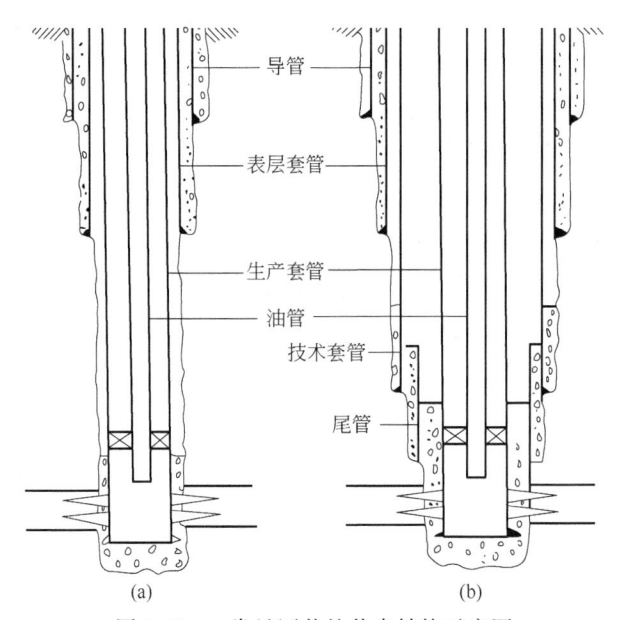

图 2-5-1 常见固井的井身结构示意图

固井实验技术人员应根据设计要求，调配出满足设计参数的水泥浆体系。固井中水泥浆体系通常需要测定的参数有密度、稠化时间、流变性、失水、游离液、抗压强度等指标，由于固井面临的情况不同，设计中可能还会对水泥石的渗透性、韧性、防腐性能、抗温性能等提出特殊要求，这些要求必须全面满足。固井水泥浆体系性能一般可采取如图2-5-2所示的程序，用实验方法进行调整。

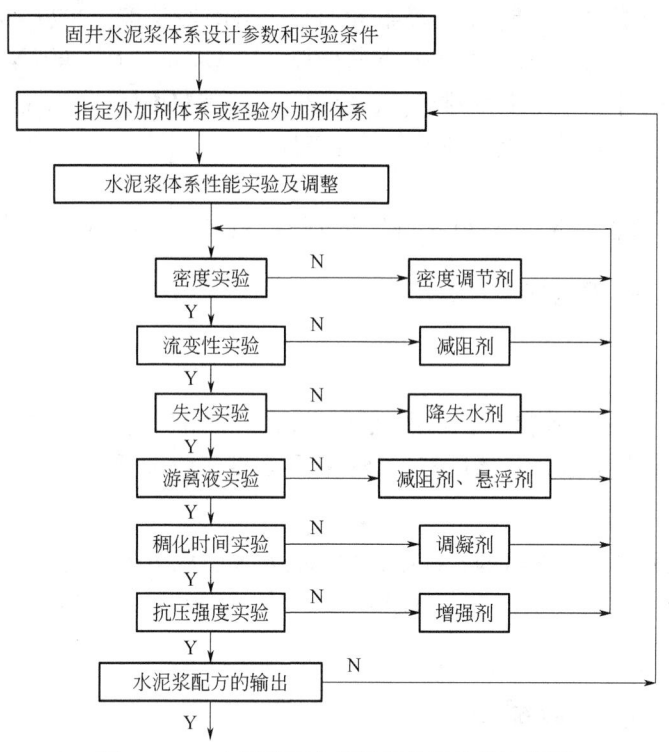

图 2-5-2 水泥浆配方设计及性能优化流程图

三、设计内容与要求

1. 设计项目（任选一）

（1）常规密度水泥浆体系设计要求。实验温度：90℃；实验压力：35~40MPa；密度：1.85~1.90g/cm³；稠化时间：210~240min；失水≤100mL；流变性：$n \geq 0.7$，$k \leq 0.5$Pa·s^n；抗压强度≥14MPa（90℃、24h、0.1MPa）；析水≤0.5%。

（2）低密度水泥浆体系设要求。实验温度：75℃；实验压力：25MPa；密度：1.60~1.65g/cm³；稠化时间：180~240min；失水≤100mL；流变性：$n \geq 0.6$，$k \leq 1.0$Pa·s^n；抗压强度≥10MPa（90℃、24h、0.1MPa）；析水≤1.0%。

（3）高密度水泥浆体系设计要求。实验温度：120℃；实验压力：45~60MPa；密度：2.00~2.05g/cm³；稠化时间：240~270min；失水≤100mL；流变性：$n \geq 0.6$，$k \leq 1.0$Pa·s^n；抗压强度≥10MPa（120℃、24h、21.0MPa）；析水≤1.0%。

（4）油层固井水泥浆体系设计要求。实验温度：150℃；实验压力：70~75MPa；密度：1.88~1.90g/cm³；稠化时间300~360min；失水≤50mL；流变性：$n \geq 0.7$，$k \leq 0.5$Pa·s^n；抗压强度≥14MPa（150℃、24h、21.0MPa）；析水：0%。

2. 设计要求

（1）根据所选项目要求，通过文献调研、分析，依据相关标准设计出水泥浆体系的初步配方，说明每一种处理剂（或材料）的选择依据及作用或功能。

（2）按设计方案进行水泥浆体系性能初步评价和调配。

（3）假定水泥浆体系配方满足如下工程条件的固井需求，计算出施工时间；计算各种材料的用量和单方水泥浆成本。计算工程条件如下：封固段长度：2876～5054m；平均井径：328.2mm；套管尺寸：$D_{外径}$ = 273.10mm；套管壁厚 = 13.93mm；上层套管：$D_{外径}$ = 444.50mm，套管壁厚 = 12.19mm；注水泥浆最大排量：1.20m³/min；替浆排量：1.50m³/min。

（4）分析体系性能的优缺点、环境性、经济性。

（5）撰写设计报告。

（6）主要参考标准：SY/T 5480《固井设计规范》；GB/T 19139《油井水泥试验方法》。

四、实验仪器及材料

1. 实验仪器

电子秤，精度 0.01g；密度计，精度 0.01g/cm³；常用稠化仪；高温高压失水仪；高温高压稠化仪；六速旋转黏度计；增压养护釜；抗压强度实验机等。

2. 实验材料

G 级高抗硫油井水泥；减阻剂；纤维素类降失水剂、成膜类降失水剂、人工合成类降失水剂；糖类缓凝剂、无机缓凝剂、有机膦类缓凝剂；减轻剂；加重剂；自来水；其他必要材料。

五、实验记录及数据处理

（1）根据实验需要设计所需的记录表格记录实验数据。

（2）按要求表示出各项指标的实验结果。

六、安全提示及注意事项

（1）充分了解实验中所使用仪器、药品、试剂的安全、环境、健康方面的性质和要求，按实验室安全要求做好个人健康、安全防护。

（2）实验中涉及高温操作和高速转动仪器，操作者应对所使用的设备有足够的熟练、正确操作能力，否则应在教师指导下完成，严禁违章操作。

（3）实验中的"三废"物质分类收集，集中处理。

七、思考题

（1）分析实验中所使用材料的作用及机理。

（2）当某一条件变化时，应做哪些相应的调整？

（3）为了尽可能与室内性能一致，所设计的水泥浆体系在现场应用时，应注意哪些事项？

实验六

油井水泥降失水剂的合成及性能评价

（研究型　16~20 学时）

一、实验目的

（1）掌握油气田化学处理剂研发的完整过程和方法；
（2）理解油气田化学处理剂的分子结构、性质与其工程作用、作用原理之间的逻辑关系；
（3）拓展相关理论知识、巩固实验技能、了解行业发展前沿；
（4）培养学生根据工程实际需求，提出、分析、解决复杂工程问题的能力。

二、研究目标

（1）合成一种综合性能良好的油井水泥降失水剂，优化出最佳合成方案；
（2）降失水剂适应温度大于 120℃；
（3）水泥浆体系的 API 失水小于 50mL；
（4）在水泥浆体系中降失水剂与其他外加剂有良好的适应性；
（5）水泥浆体系综合性能良好。

三、参考研究路线

大部分人工合成油田化学品是以一种或几种功能型双键单体，通过自由基聚合来制备的，其聚合物一般是无规共聚物。功能单体比例、引发剂用量、反应温度、反应时间等因素将对产品性能有重要影响。常用的主链单体有丙烯酰胺（AM）、N,N-二甲基丙烯酰胺（DMAM），吸附性功能单体有丙烯酸（AA）、马来酸（酐）（MA），抗温抗盐功能单体有 2-丙烯酰胺基-2-甲基-丙烷磺酸钠（AMPS）、烯丙基磺酸钠（AS）、对苯乙烯磺酸钠（SPSS）等。

例如，以丙烯酰胺（AM）、丙烯酸（AA）、2-丙烯酰胺基-2-甲基-丙烷磺酸钠（AMPS）为功能单体合成一种水溶性高分子作为油井水泥降失水剂，反应原理如图 2-6-1 所示。

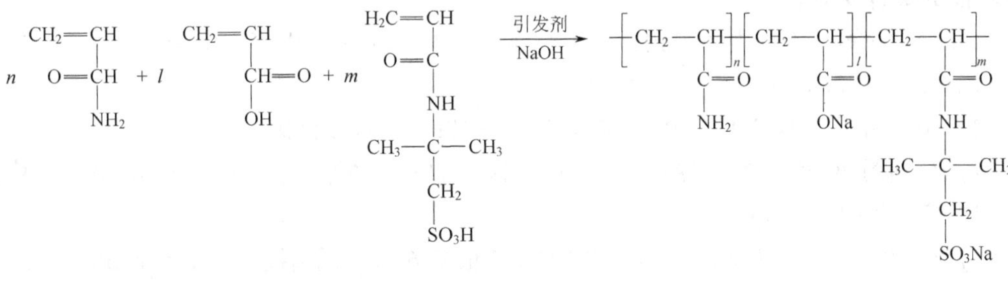

图 2-6-1　AM/AA/AMPS 无规共聚物反应原理

四、实验仪器及材料

1. 实验仪器

常规化学合成仪器；搅拌器；温度计；电子秤，精度 0.01g；电子天平，精度 0.0001g；红外光谱仪；核磁共振仪；恒速搅拌器；六速旋转黏度计；常压稠化仪；高温高压失水仪；增压稠化仪；增压养护釜。

2. 实验材料

丙烯酰胺（AM）或 N,N-二甲基丙烯酰胺（DMAM），化学纯；丙烯酸（AA）或马来酸（酐）（MA），化学纯；2-丙烯酰胺基-2-甲基-丙烷磺酸钠（AMPS）或烯丙基磺酸钠（AS）、对苯乙烯磺酸钠（SPSS），化学纯；NaOH，化学纯；过硫酸铵，化学纯；广泛 pH 试纸；G 级高抗硫油井水泥；油井水泥减阻剂 SXY；纤维素类油井水泥降失水剂 HS-2A（或同类降失水剂）；聚乙烯醇 PVA1788（或同类成膜型降失水剂）；自来水。

五、研究内容

1. 研究内容

（1）文献收集与分析：收集合成类降失水剂的相关文献，进行文献综述，分析其优缺点和发展趋势。

（2）实验方案设计：进行降失水剂分子结构初步设计、合成实验方案设计、评价实验方案设计、实验记录表设计。

（3）合成实验研究：研究功能单体比例、引发剂用量、反应温度、反应时间等合成条件对降失水剂性能的影响，优化出最佳合成方案；通过现代分析测试手段表征产品分子结构。

（4）性能评价实验：评价所合成降失水剂的性能，并与纤维素类降失水剂、成膜类降失水剂进行比较。

（5）研究结果分析：分析各种合成条件对目标降失水剂的性能的影响规律；分析合成样品对水泥浆体系综合性能的影响，提出改进意见。

（6）撰写研究报告，进行答辩和交流。

2. 参考合成实验方法（以 AM、AA、AMPS 合成降失水剂为例）

（1）用水浴锅、搅拌器、三颈瓶、温度计、氮气袋等仪器组装成一套有搅拌、恒温、通气功能的聚合反应装置。

（2）分别称取 7.50g 丙烯酰胺，10.00g 2-丙烯酰胺基-2-甲基-丙烷磺酸钠（AMPS），2.50g 丙烯酸，180mL 蒸馏水（总用水量）。

（3）用精密天平称取 0.2400g 过硫酸铵，用 10mL 蒸馏水溶解。

（4）分别用 40mL 蒸馏水溶解上述三种单体，加入三颈瓶中，用剩下部分蒸馏水洗涤器皿，加入三颈瓶中。

（5）用 40% 的氢氧化钠调节单体溶液的 pH 值到 6~7，低速搅拌、加热到 55~60℃，向三颈瓶溶液中通氮气 8~10min，在氮气保护和搅拌下加入所配制的引发剂溶液。

（6）仔细观察反应过程，记录引发温度、反应温度随时间的变化及反应最高温度、黏度变化等情况。当溶液黏度明显增加，表明聚合反应进行，关闭氮气，停止搅拌，自然降温到60℃，在60℃恒温反应4h，产物用于降失水剂性能评价。

3. 参考降失水剂性能评价方法

（1）水泥浆体系失水测定方法：参考实验三。

（2）参考基本配方：800.0g G级高抗硫油井水泥+2.40g 减阻剂 SXY+40.0g 降失水剂（合成）+352.0g 自来水（含降失水剂中的水）。

（3）不同合成样品性能评价：取不同合成实验条件下的样品，按参考基本配方进行失水测定。

（4）降失水剂加量对水泥浆体系综合性能的影响：取失水效果最好的样品，改变降失水剂加量考察其对水泥浆体系失水、流变性、稠化时间等的影响规律。

六、安全提示及注意事项

（1）充分了解实验中所使用仪器、药品、试剂的安全、环境、健康方面的性质和要求，按实验室安全要求做好个人健康、安全防护。

（2）实验中涉及高温操作和高速转动仪器，操作者应对所使用的设备有足够的熟练、正确操作能力，否则应在教师指导下完成，严禁违章操作。

（3）实验中的"三废"物质分类收集，集中处理。

七、思考题

（1）分析降失水剂合成中各种单体有何特点和功能。

（2）影响水泥浆体系的失水的因素有哪些？降失水剂的作用机理是什么？

（3）改变单体之间比例，引发剂加量和反应条件对产物分子结构有何影响？

（4）通过作用机理的分析，降失水剂分子结构应从哪几方面考虑？

第三章 压裂液

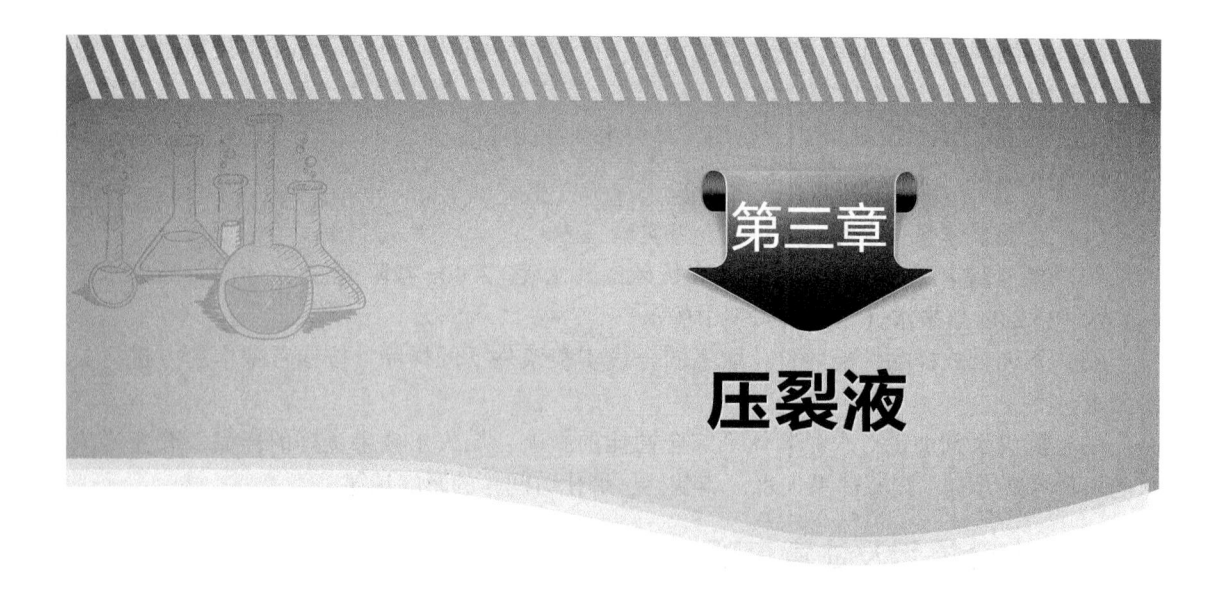

　　油层水力压裂（简称为"油层压裂"或"压裂"）是20世纪40年代发展起来的一项改造油层渗流特性的油气井增产、注水井增注的重要工艺措施。压裂是利用地面高压泵组，将高黏液体以大大超过地层吸收能力的排量注入井中，随即在井底附近形成高压；此压力超过井底附近地层应力及岩石的抗张强度后，在地层中形成裂缝；继续将带有支撑剂（如石英砂）的液体注入缝中，使缝向前延伸，并填以支撑剂；在停泵后即可形成一条足够长、具有一定高度和宽度的填砂裂缝，从而改善油层的导流能力，达到油气增产的目的。

　　根据压裂施工的目的，压裂液应具备良好的携砂能力、较小的滤失量、较低的摩阻、易破胶、低残渣、易返排等特点。良好的携砂能力一般用聚合物的增黏作用来实现，为了提高经济性，多数情况下还要通过对低浓度的聚合物溶液进行交联以使其有足够的黏弹性而形成较好的悬浮性（悬砂性）。低滤失能减小压裂过程对油层造成的污染，降滤失剂通常有小颗粒固体、乳状液、高分子聚合物等物质。较低的摩阻有利于压裂液的注入和返排，水溶性高分子聚合物通常有较好的降阻作用。压裂液最终需要随着压裂后的油气开采而排出地面，因此，需要对已交联的聚合物进行破胶，以提高其返排能力。加入助排剂也是提高返排能力的有效方法，助排剂通常是表面活性剂，表面活性剂能降低水相的表面张力，以减小水在砂粒间毛细孔中流动的阻力。一些天然植物胶压裂液破胶后含有一定量的不溶物质，称为残渣。残渣易堵塞油气流通道，对地层造成伤害。若破胶后残渣含量低，对地层伤害小。同时压裂液的各种性能还会受到地层温度、施工时间、施工排量、地层特性、地层敏感性等因素的影响，因此，压裂液的各种性能必须在设计时通过实验确定下来。

实验一

水基压裂液的交联与破胶

（基础型实验　2学时）

一、实验目的

（1）掌握羟丙基瓜尔胶类水基压裂液交联、破胶的基本方法和相关专业仪器的使用方法；

(2) 理解压裂液的交联原理和破胶原理；

(3) 了解压裂液交联过程和破胶过程的影响因素。

二、实验原理

羟丙基瓜尔胶（HPG）为淡黄色粉末，无嗅，易吸潮，不溶于大多有机溶剂，在水中分散溶解形成黏性胶液，0.30%～0.50%的羟丙基瓜尔胶水溶液的黏度可以达到225～300mPa·s；但该黏度还不足以悬浮密度较大的支撑剂（如石英砂）。在一定的pH值条件下，羟丙基瓜尔胶水溶液易与由两性金属或两性非金属组成的含氧酸阴离子盐（如硼酸钠）交联形成冻胶，其黏度大幅度增加，足以悬浮支撑剂。羟丙基瓜尔胶与四硼酸钠交联反应原理如下。

(1) 硼酸盐在碱性条件下形成四羟基合硼酸络阴离子（MBI）：

$$Na_2B_4O_7 \cdot 10H_2O \xrightarrow{水解} 2Na^+ + 2B(OH)_3 + 2B(OH)_4^- + 3H_2O$$

$$B(OH)_3 + OH^- \rightleftharpoons B(OH)_4^-$$

(2) MBI与顺式邻位羟基形成1-1型配合物：

(3) 1-1型配合物再与顺式邻位羟基形成2-1型配合物：

2-1型配合物具有三维网状结构，因而使压裂液黏度大幅度提高。上述反应都是可逆反应。

压裂完成后，需要将压裂液中的交联聚合物破坏，降低黏度，以便其易于返排出来。向交联的羟丙基瓜尔胶中加入破胶剂（如过硫酸铵）通过氧化作用使HPG降解，就能解除网状结构，达到破胶目的。

三、实验仪器及材料

1. 实验仪器

NDJ型旋转黏度计；电子天平，精度0.01g；水浴锅；烧杯、量筒、玻璃棒等。

2. 实验材料

羟丙基瓜尔胶（HPG），工业级；十水四硼酸钠、无水碳酸钠、过硫酸铵，化学纯。

四、实验内容及步骤

1. 水基压裂液的交联

(1) 准备250mL烧杯4个并编号；接通旋转黏度计、电子天平、水浴锅等设备的电源；

将水浴锅的温度设定在60℃。

（2）称取5.0g四硼酸钠溶于95mL水中，配制成5.0%的四硼酸钠溶液。

（3）分别用已编号的4个烧杯称取0.30%HPG溶液100mL，加入0.12g无水碳酸钠，调节pH值为9~10。

（4）取1#烧杯用NDJ型旋转黏度计，选择适合的转子和剪切速度，测定0.30%HPG溶液基液的黏度。

（5）取5.0%四硼酸钠溶液1.5mL加入2#烧杯中，搅拌均匀，在60℃的水浴锅中恒温下，用NDJ型旋转黏度计，选择适合的转子和剪切速度连续测定其黏度30min；每隔3min记录一次黏度计读数。

（6）分别取5.0%四硼酸钠溶液1.5mL加入3#、4#烧杯中，搅拌均匀，在60℃的水浴锅中恒温15~20min，待3#样品的HPG完全交联后，选择适合的转子和剪切速度测定其黏度。样品保留。

2. 水基压裂液的破胶

（1）将装有交联好的羟丙基瓜尔胶的3#烧杯放入60℃水浴中；分次向3#烧杯的HPG交联后的压裂液中加入1.0%过硫酸铵溶液2.5mL、5.0mL、7.5mL、10.0mL、15.0mL，搅拌均匀，每次在60℃水浴中恒温反应5min后，用NDJ型旋转黏度计，选择适合的转子和剪切速度测定其黏度。

（2）在4#样品中一次性加入破胶剂1.0%过硫酸铵30.0mL，搅拌均匀，在60℃水浴中恒温反应5min后，用NDJ型旋转黏度计，选择适合的转子和剪切速度测定其黏度。

五、实验记录及数据处理

（1）基液黏度、交联压裂液黏度记录入表3-1-1；破胶液黏度记录入表3-1-2。

表3-1-1　HPG交联实验数据记录表

转子型号：＿＿＿＿＿＿　转速：＿＿＿＿＿＿

样品编号	交联剂加入量，mL	不同交联时间下的压裂液黏度，mPa·s										
		0	3min	6min	9min	12min	15min	18min	21min	24min	27min	30min
1#												
2#												

表3-1-2　HPG交联与破胶实验数据记录表

转子型号：＿＿＿＿＿＿　转速：＿＿＿＿＿＿

样品编号	交联剂加入量，mL	不同破胶剂加入量下的破胶液黏度，mPa·s					
		0	2.5mL	5.0mL	7.5mL	10.0mL	12.5mL
3#							
4#							

（2）黏度的计算：根据所选用的转子型号和转速，计算黏度。

（3）分析交联时间对压裂液体系黏度的影响。

（4）比较破胶剂采用逐步加入与一次性加入的破胶效果。

六、安全提示及注意事项

(1) 充分了解实验中所使用仪器、药品、试剂的安全、环境、健康方面的性质和要求，按实验室安全要求做好个人健康、安全防护。

(2) 实验中涉及高温操作和转动仪器，操作者应对所使用的设备有足够的熟练、正确操作能力，否则应在教师指导下完成，严禁违章操作。

(3) 实验中的"三废"物质分类收集，集中处理。

七、思考题

(1) 为什么要用 95mL 水来溶解 5.0g 四硼酸钠？

(2) 为什么浓度为 0.3% 的 HPG 就可以形成黏度较大的冻胶？

(3) 加入破胶剂后，为什么要把压裂液放在 60℃ 的水浴中加热？

实验二

压裂液剪切稳定性和耐温性的测定

（基础型实验　2 学时）

一、实验目的

(1) 掌握压裂液剪切稳定性、耐温性的测定方法及相关专业仪器的使用方法；

(2) 理解压裂液剪切稀释性和黏温特性的一般规律及其工程意义；

(3) 学习 Excel 或 Origin 作图软件的使用；

(4) 了解影响压裂液耐温、抗剪切性能的因素。

二、实验原理

剪切稳定性能是压裂液的一项重要性能，它是衡量压裂液携砂能力的重要指标。压裂施工中，泵注排量大，在泵、阀、炮眼处对压裂液就会形成高速剪切，压裂液的结构就会发生变化，黏度下降，从而影响对支撑剂的携带能力。因此要求压裂液具有一定的抗剪切能力，以满足工程要求。

其测定原理是将压裂液在特定温度下（本实验为室温），用旋转黏度计在剪切速率为 $170s^{-1}$ 下连续剪切，直到压裂液表观黏度为 50mPa·s 停止。压裂液表观黏度下降到 50mPa·s 所需的剪切时间越长，表明该压裂液的抗剪切能力越好。测定仪器及工作原理如图 1-2-3 所示。

耐温性能是反映压裂液黏度随温度的变化的情况。一般来说，温度升高压裂液的黏度会下降；若温度升高，黏度降低减小，说明压裂液具有良好的抗温性能。其测定原理是对压裂液进行连续加热升温，测定 $170s^{-1}$ 的剪切速率下压裂液的黏度，直到在某温度下，压裂液表观黏度值为 50mPa·s，该温度可视为该压裂液的抗温能力。

三、实验仪器及材料

1. 实验仪器

电子天平；六速旋转黏度计；水浴锅；烧杯；玻璃棒。

2. 实验材料

羟丙基瓜尔胶；四硼酸钠；自来水。

四、实验内容及步骤

1. 压裂液剪切稳定性的测定

（1）检查仪器，接通水浴锅电源。

（2）按照本章实验一中的配方配制好交联压裂液350mL。

（3）将交联压裂液倒入六速旋转黏度计的钻井液杯至刻度线，固定好钻井液杯，转速调为100r/min，开起黏度计，待搅拌10s后读数，记录该黏度值。

（4）让其连续剪切120min，前30min每隔10min读一次数，后60min每隔20min读一次数。记录各个时间段的黏度值。

（5）关闭黏度计电动机开关，取下钻井液杯，清洗仪器。

2. 耐温性能测定

（1）按照本章实验一的配方配制好交联压裂液350mL。

（2）将水浴锅设定为30℃，把压裂液放置其中15min，将压裂液倒入六速旋转黏度计钻井液杯至刻度线，固定好钻井液杯，开起黏度计，转速调为100r/min，待搅拌10s后读数，记录该黏度值。

（3）分别将水浴锅调至40℃、50℃、60℃、70℃、80℃，重复（2）的实验步骤。

五、实验记录及数据处理

1. 实验记录

（1）黏度随剪切时间变化实验数据记录入表3-2-1。

表3-2-1 黏度随剪切时间变化记录表

剪切时间，min	0	10	20	30	40	50	60	80	100	120
读数值，格										
表观黏度，mPa·s										

（2）黏度随温度变化实验数据记录入表3-2-2。

表3-2-2 黏度随温度变化记录表

温度，℃	30	40	50	60	70	80
读数值，格						
表观黏度，mPa·s						

2. 数据处理

(1) 表观黏度 η 的计算：

$$\eta = \Phi_{100} \times 3 \qquad (3\text{-}2\text{-}1)$$

式中　η——压裂液的表观黏度，mPa·s；

　　　Φ_{100}——转速为100r/min时黏度计的读数，格。

(2) 用Excel或Origin软件作出压裂液黏度与剪切时间关系曲线，从而判断其剪切稳定性能。

(3) 用Excel或Origin软件作出压裂液的黏温曲线，从而判断其抗温性。

六、安全提示及注意事项

(1) 充分了解实验中所使用仪器、药品、试剂的安全、环境、健康方面的性质和要求，按实验室安全要求做好个人健康、安全防护。

(2) 实验中涉及高温操作和高速转动仪器，操作者应对所使用的设备有足够的熟练、正确操作能力，否则应在教师指导下完成，严禁违章操作。

(3) 实验中的"三废"物质分类收集，集中处理。

七、思考题

(1) 为什么压裂液受剪切后黏度值要变小？

(2) 怎样提高压裂液的耐温性？

(3) 压裂液体系的耐温性和剪切稳定性对压裂施工有什么影响？

实验三

压裂液静态滤失、破胶性能和残渣含量的测定

（综合型实验　4学时）

一、实验目的

(1) 掌握压裂液静态滤失、破胶性能、残渣含量的测定方法和相关专业仪器的使用方法；

(2) 理解控制压裂液滤失、破胶性能、残渣含量的原理和工程意义；

(3) 了解影响压裂液高温高压静态滤失量、破胶效果、残渣含量的因素。

二、实验原理

控制压裂液的滤失量，有利于提高压裂液效率，减少用量，降低压裂液在油气层的渗流和滞留，减小对油气层特别是水敏性地层的伤害。压裂液的高温高压滤失性是指不含支撑剂的压裂液在高温、高压条件下通过滤纸的滤失性。其测定原理是用高温高压静态滤失仪在石油行业标准规定的条件下（温度、压差和时间），压裂液通过一定面积的滤

纸滤失出液相的量。实验仪器及原理见第一章实验二中图 1-2-5。其测定过程是在测试筒中装入仪器规定量的压裂液样品，对样品加热、加压（按仪器说明书，给滤液杯施加初始压力），在 30min 内加热到测定温度。当温度达到测定温度，实验压差为 3.5MPa，测定滤液的累积滤失量（精确到 0.1mL）随时间的变化情况。测定时间为 36min，测定过程中，温度允许波动为±3℃。

压裂液破胶性能关系到破胶液的返排率和对油层的伤害程度，一般用破胶液的黏度和破胶液的表面张力来衡量压裂液是否彻底破胶。其测定方法是将加有破胶剂的压裂液装入密闭容器内，放入电热恒温器中加热恒温，恒温温度为储层温度。使压裂液在恒温温度下破胶，取破胶液上面的清液测定黏度（可以用毛细管黏度计或其他黏度计测定）。用表面张力仪按照石油行业标准规定测定破胶液上层清液的表面张力值。

残渣是指压裂液常规破胶液中残存的不溶物质。残渣易堵塞油气通道、降低地层和支撑剂的渗透性，即对地层造成伤害。测定残渣含量是为压裂对地层伤害的可能性进行评估。其测定原理是将破胶液在 3000r/min 的转速下离心 30min 后，测定破胶液中残存的不溶物质的相对含量。

三、实验仪器及材料

1. 实验仪器

恒温水浴锅；电子天平；移液管；容量瓶；烧杯；高温高压静态滤失仪；表面张力仪；黏度计；离心机；离心管；烘箱。

2. 实验材料

羟丙基瓜尔胶（HPG）；四硼酸钠；过硫酸铵；水基压裂液用降滤失剂；助排剂；自来水。

四、实验内容及步骤

1. 高温高压静态滤失的测定

（1）按照配方 0.50%羟丙基瓜尔胶（HPG）+0.15%四硼酸钠+0.10%降滤失剂+0.1%助排剂，配制交联压裂液 350.0mL，60℃恒温交联反应 15min。

（2）将交联压裂液装入失水仪的液筒中，其量不超过滤网口以下 2.5cm；以 O 形橡胶垫、滤纸、封头的顺序依次装好附件；用紧固螺钉紧固封头；关闭失水端阀杆，将失水仪浆筒倒置；液筒用专业工具和毛巾装入失水仪中（注意：不同类型的仪器操作参考仪器使用说明书）。

（3）检查气瓶总阀和减压阀的开关是否处于关闭状态；连接气源头，插入挡销，检查是否连接正确和牢固；开启气瓶总阀，调节减压阀开关至压力为 3.5MPa；用专用工具打开上连气阀杆；在失水阀下端放好量筒，用专用工具打开下部失水阀杆，同时记录时间和滤失量。

（4）失水实验结束后，关闭气瓶总阀；关闭失水阀杆；关闭上端连气阀杆；打开上端管路放气阀；扒开挡销；用专用工具打开连气阀杆，慢慢放空失水仪浆筒内的气体；用专用工具将浆筒取出，并放入水槽中冷却至室温；将失水仪浆筒放到专用支持架上，再次检查浆筒内气体是否放完，在确认浆筒内气体已放完的情况下，拆卸下紧固螺钉、封头、O 形橡胶圈、滤纸，倒出压裂液；清洗仪器及配件。

2. 破胶性能测定

（1）按照前面配方和方法配制好压裂液 200.0mL，平均分成两份装于 250mL 烧杯中。

（2）分别向每个烧杯中加入 0.20% 的过硫酸铵，覆盖上保鲜膜，放入 60℃ 水浴中恒温直至完全破胶，即破胶液的黏度小于 5.0mPa·s。

（3）取一杯中的上层清液，用 50mL 容量瓶，测定 50mL 上清液的质量以计算其密度；然后用毛细管黏度计测定破胶液的黏度，实验方法参见本教材第七章实验二。

（4）另取一定量的上清液，用表面张力仪测定破胶液的表面张力，测定温度为 30℃。

3. 残渣含量的测定

（1）将上一步所得的另一杯破胶液 50.0mL，装入已经烘干恒重的离心管中，在 3000r/min 的转速下离心 30min。

（2）取出离心管，倒出上层清液，将离心管放入 105℃ 的烘箱中烘干至恒重。

（3）取出离心管，称重，准确至 0.0001g。

五、实验记录及数据处理

1. 高温高压静态滤失数据记录和处理

（1）不同时间下的滤失量记录入表 3-3-1。

表 3-3-1　压裂液滤失量记录表

时间，min	1	4	9	16	25	36
滤失量，mL						

（2）数据处理。受滤饼控制的滤失系数 C_w、滤失速率 v_e 和初滤失量 Q_{sp} 的确定：用压裂液在滤纸上的滤失数据，以累积滤失量为纵坐标、以时间平方根为横坐标作图。累积滤失量与时间的平方根成线性关系。该直线段的斜率为 M，截距 H。

$$C_w = \frac{0.005 \times M}{A} \quad (3\text{-}3\text{-}1)$$

$$v_e = C_w / t^{1/2} \quad (3\text{-}3\text{-}2)$$

$$Q_{sp} = H/A \quad (3\text{-}3\text{-}3)$$

式中　C_w——受滤饼控制的滤失系数，$m/min^{1/2}$；

M——滤失曲线的斜率，$mL/min^{1/2}$；

A——滤失面积，cm^2；

v_e——滤失速率，m/min；

H——滤失曲线直线段与 y 轴的截距，cm；

t——滤失时间，min；

Q_{sp}——初滤失量，m^3/m^2。

2. 破胶性能数据记录和处理

（1）破胶时间、破胶液的黏度及破胶液表面张力记录入表 3-3-2。

表 3-3-2　破胶液性能实验记录表

破胶时间 min	破胶液表面张力 mN/m	破胶液的运动黏度 mm²/s	破胶液的密度 g/cm³	破胶液的动力黏度 mPa·s

（2）黏度数据处理。本实验测定的黏度是指流体的动力黏度 η，但用毛细管黏度计测定的黏度为流体的运动黏度 ν。动力黏度 η 与运动黏度 ν 有如下关系：

$$\eta = \nu \rho \tag{3-3-4}$$

式中　η——动力黏度，mPa·s；

　　　ν——运动黏度，mm²/s；

　　　ρ——流体的密度，g/cm³。

3. 测量残渣含量的数据记录和处理

（1）残渣含量实验数据记录入表 3-3-3。

表 3-3-3　残渣含量实验数据记录表

离心管质量 m_1，g	装残渣烘干后离心管质量 m_2，g	残渣含量，mg/L

（2）数据处理。压裂液残渣含量按式（3-3-5）计算：

$$W = \frac{1000 \times (m_2 - m_1)}{V_0} \tag{3-3-5}$$

式中　W——压裂液残渣含量，mg/L；

　　　m_1——离心管质量，g；

　　　m_2——装残渣烘干后离心管质量，g；

　　　V_0——破胶液的体积，L。

六、安全提示及注意事项

（1）充分了解使用仪器、药品、试剂的安全、环境、健康方面的性质和要求，按实验室安全要求做好个人健康、安全防护。

（2）实验中涉及高温操作和高速转动仪器，操作者应对所使用的设备有足够的熟练、正确操作能力，否则应在教师指导下完成，严禁违章操作。

（3）高温高压失水仪使用时，在打开高压气源前，应保证各部位连接牢固、可靠；拆卸装置时，如果紧固螺钉无法打开，一般表明浆筒内有气体，务必确认放完压力，再进行拆卸。

（4）使用离心机时，严禁无载荷空转；放入离心机的离心管一定要盖好，务必对称放置。

（5）实验中的"三废"物质分类收集，集中处理。

七、思考题

（1）影响压裂液滤失大小的因素有哪些？

（2）残渣含量的多少对地层有哪些影响？

(3) 破胶不彻底有什么后果？
(4) 破胶液的表面张力需要降低还是升高，为什么？

实验四

有机硼和无机硼交联技术对压裂液的影响

（综合型实验　4 学时）

一、实验目的

(1) 掌握用有机交联剂和无机交联剂配制压裂液的方法；
(2) 理解有机硼交联剂的延缓交联原理及延缓交联的工程意义；
(3) 了解有机交联剂与无机交联剂性能和交联条件要求。

二、实验原理

有机硼交联剂是目前广泛使用的交联剂之一，将硼酸盐与醇类、醛类或羟基羧酸等有机络合剂在一定条件下反应，形成均匀的有机硼溶液。在交联半乳甘露聚糖植物胶时，首先是有机硼多级离解，缓慢产生四羟基合硼离子，四羟基合硼离子再与聚糖分子的邻位顺式二羟基作用，形成高黏冻胶。有机硼交联剂具有以下特性：一是可以延迟交联反应的进行，起到调控交联时间的作用；二是具有耐高温特性，特别在高温作用下，缓慢产生一定量的有机酸，该酸具有自动破胶和低伤害特性。有机硼在使用过程中直接加入或用水稀释加入均可，在压裂液中分散均匀，可操作性强。无机硼交联剂形成冻胶的原理见本章实验一。

三、实验仪器及材料

1. 实验仪器

秒表；NDJ 型旋转黏度计；水浴锅；烧杯；玻璃棒。

2. 实验材料

羟丙基胍胶（HPG）；无水碳酸钠；有机硼交联剂；四硼酸钠。

四、实验内容及步骤

1. 不同交联剂成胶速度实验

(1) 称取 0.6g 的羟丙基瓜尔胶（HPG），配成 200.0mL 溶液，用加入 0.12% 的无水碳酸钠调节基液 pH 值，使其为 9~11 之间；将其平均分配在两个烧杯中。

(2) 称取 1.0g 的四硼酸钠，将其溶解为 5.0% 的溶液。

(3) 将 5.0% 四硼酸钠溶液 2.0mL 倒入第一杯基液中，搅拌均匀，用秒表计时，测定其到达最大黏度所用的时间。

（4）量取 1.0mL 的有机硼溶液，缓缓加入第二杯基液中，搅拌均匀，用秒表计时，测定其到达最大黏度所用的时间。

2. 不同交联体系耐温性能实验

将两杯形成冻胶的压裂液放入水浴中加热，从 40℃开始，测温度每升高 10℃后的黏度值，直到其表观黏度值都降为 50mPa·s 以下为止。

五、实验记录及数据处理

1. 实验记录

（1）不同类型交联剂交联效果对比实验数据记录入表 3-4-1。

表 3-4-1　不同类型交联剂实验记录表

交联剂类型	交联时间，min	冻胶表观黏度，mPa·s
有机硼交联剂		
无机硼交联剂		

（2）不同类型交联剂交联压裂液的耐温性对比实验数据记录入表 3-4-2。

表 3-4-2　不同类型交联剂交联压裂液的耐温性对比实验数据记录表

温度，℃	黏度，mPa·s	
	无机硼交联	有机硼交联
40		
50		
60		
70		
80		
90		

2. 数据处理

（1）将所得的无机、有机硼在不同温度下的黏度值绘成曲线。
（2）将所有的数据进行对比分析，分析两类交联剂的特点。

六、安全提示及注意事项

（1）充分了解使用仪器、药品、试剂的安全、环境、健康方面的性质和要求，按实验室安全要求做好个人健康、安全防护。
（2）实验中涉及高温操作，防止烫伤。
（3）实验中的"三废"物质分类收集，集中处理。

七、思考题

（1）有机硼是延迟交联的原理是什么？延迟交联有什么工程意义？

(2) 为什么要调节 pH 值,且要在 9~11 之间?
(3) 无机硼能不能不调节 pH 值直接进行交联?为什么?直接交联有什么影响?
(4) 根据压裂液的需要,如何来提高有机硼的性能?

实验五

水基压裂液体系的设计与性能评价

(设计型实验 16~20 学时)

一、实验目的

(1) 掌握压裂液体系设计与优化的基本程序和方法;
(2) 理解工作液体系各种性能指标的工程意义及各种油气田化学处理剂的作用原理;
(3) 巩固压裂液体系性能实验基本方法和专业仪器使用方法;
(4) 培养学生的工程设计能力。

二、设计概述

水力压裂是在地面采用高压泵组,以大大高于地层吸收能力的注入速度,向油层注入压裂液,使井筒内压力逐渐增高,当压力增高到大于油层破裂压力时,油层就会形成对称于井眼的裂缝。压裂液中携带一定数量和一定粒径的高强度支撑材料,铺垫在裂缝中,从而形成一条或几条高导流能力的通道。在压裂过程中,压裂液起到了传递地面压力、压开裂缝、携带支撑剂进入地层等关键作用。要求压裂液具有以下基本性能:悬砂能力强;滤失小;摩阻低;热稳定性能和剪切稳定性好;配伍性好;低残渣;易返排;货源广。每一口井的类型、层位、地质条件等不同,要求设计的压裂液体系也就不一样。在每一口井的设计中,根据工程要求,一般对压裂的各种条件、技术要求和参数值提出了明确的要求。施工前,实验人员应根据设计要求,调配出合适的压裂液体系。根据行业标准,压裂液性能一般需要考虑的参数:溶胶表观黏度、流变性能、稳定性能、滤失量、破胶返排性能、残渣含量等参数。根据每口井设计的具体要求,还可能涉及耐温性能、乳化和破乳等性能调节。

水基压裂液体系的设计步骤如图 3-5-1 所示。

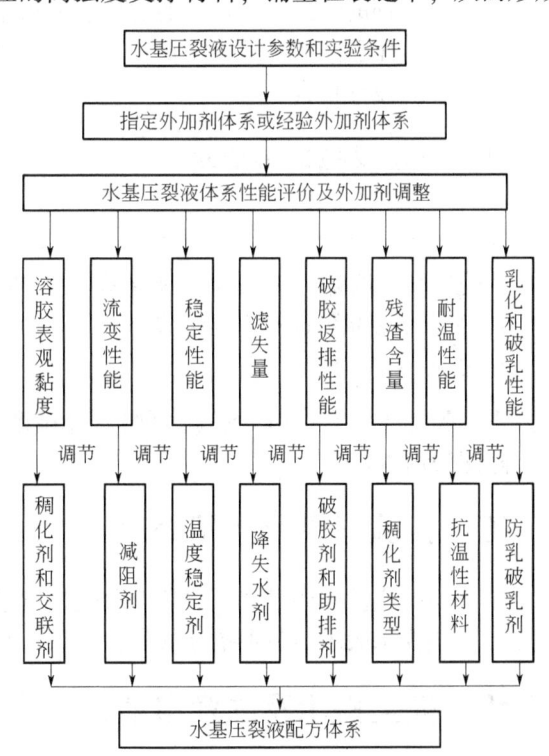

图 3-5-1 压裂液体系设计流程图

三、设计内容及要求

1. 设计内容

任选一组进行设计和性能评价实验。

(1) 常规水基压裂液体系的设计与性能评价实验。实验温度90℃。要求：体系溶胶黏度≥300mPa·s；剪切120min后黏度值保留在1/3以上；升温到90℃，黏度值在120min后保留在1/3以内；破胶时间为3h左右，在前1h黏度降低率不超过50%；破胶后黏度≤10mPa·s；破胶后表面张力≤36mN/m；残渣含量≤600mg/L。

(2) 酸性水基压裂液体系的设计与性能评价实验。实验温度60℃。要求：体系溶胶黏度≥200mPa·s；剪切120min后黏度值保留在1/4以上；升温到60℃，黏度值在120min后保留在1/3以上；破胶时间为3h左右，在前1h黏度降低率不超过50%；破胶后黏度≤10mPa·s；破胶后表面张力≤36mN/m；残渣含量≤600mg/L。

(3) 抗高温型水基压裂液的设计与性能评价实验。实验温度150℃。要求：体系溶胶黏度≥300mPa·s；剪切120min后黏度值保留在1/4以上；升温到150℃，黏度值在120min后保留在1/5以上；破胶时间为4h左右，在前1h黏度降低率不超过50%；破胶后黏度≤10mPa·s；破胶后表面张力≤36mN/m；残渣含量≤600mg/L。

2. 参考设计步骤

(1) 根据所选实验要求和条件，选择适合的添加剂，设计出实验基本配方和方案，与实验指导教师讨论确定后进行实验；实验步骤参考本章的各实验操作；本章未涉及的实验操作，与指导教师讨论确定。

(2) 添加剂的选择原则：性能优良、油田常用、易于获得、经济环保。

(3) 测定压裂液的各种性能指标，并进行初步的调配。

(4) 撰写设计报告。

四、实验材料及仪器

1. 实验仪器

六速旋转黏度计；水浴锅；高温高压失水仪；离心机；表面张力仪；Haake流变仪；HAMZ-Ⅳ工作液减阻评价实验装置。

2. 实验材料

瓜尔胶（多种）；交联剂（多种）；过硫酸铵；压裂液专业助排剂（多种）；防乳破乳剂；降滤失剂等。

五、实验记录及数据处理

(1) 根据实验需要设计所需的记录表格记录实验数据。

(2) 按要求表示出各项指标的实验结果。

六、安全提示及注意事项

(1) 充分了解使用仪器、药品、试剂的安全、环境、健康方面的性质和要求，按实验室安全要求做好个人健康、安全防护。

(2) 实验中涉及高温操作和高速转动仪器，操作者应对所使用的设备有足够的熟练、正确操作能力，否则应在教师指导下完成，严禁违章操作。

(3) 高温高压失水仪使用时，在打开高压气源前，应保证各部位连接牢固、可靠；拆卸装置时，如果紧固螺钉无法打开，一般表明浆筒内有气体，务必确认放完压力，再进行拆卸。

(4) 使用离心机时，严禁无载荷空转；放入离心机的离心管一定要盖好，务必对称放置。

(5) 实验中的"三废"物质分类收集，集中处理。

七、思考题

(1) 水基压裂液设计的依据有哪些？
(2) 压裂液各种性能指标有何工程作用？
(3) 分析各个添加剂的机理。
(4) 根据自己所做的实验结果，提出改进的初步设想。

实验六

滑溜水压裂液体系的调配与性能研究

（研究型实验 16~20 学时）

一、实验目的

(1) 掌握油气田化学工作液体系研发的完整过程、评价标准和实验方法；
(2) 理解油气田化学工作液体系中各种组分与其工程作用、工程参数之间的逻辑关系；
(3) 拓展相关理论知识、巩固实验技能、了解行业发展前沿；
(4) 培养学生根据工程实际需求，提出、分析、解决复杂工程问题的能力。

二、研究目标

(1) 研究出滑溜水压裂液体系配方；
(2) 滑溜水压裂液起黏速度快、减阻性能好、抗盐并具有储层黏土抑制作用；
(3) 起黏时间在 20~50s，减阻率≥65%；
(4) 抗氯化钠≥30000mg/L，抗氯化钙≥3000mg/L；
(5) 运动黏度≤5.0mm²/s，表面张力≤28.0mN/m，黏土吸水指数 CST 比值≤1.5。

三、参考研究路线

页岩气储量丰富，分布广泛。最早对页岩气的开采可追溯至 19 世纪初，但由于页岩基质渗透率很低，要提高其产气量并进行大规模开采难度很大。水力压裂技术的发展使得页岩气实现了工业开采，也使得世界范围内兴起了研究页岩气的热潮。压裂液可谓是水力压裂的"血液"，在水力压裂中占有相当重要的地位。目前国内页岩气勘探开发普遍采用滑溜水压裂液体系。滑溜水是一种水基压裂液，主要由清水及各种添加剂（减阻剂、表面活性剂、杀菌剂等）组成，其中水约占总体积的99%。虽然添加剂加量较小，却直接决定着压裂液的性能。在实际应用中，应根据压裂施工的储层特性通过实验来确定滑溜水压裂液的配方。在选择压裂液添加剂时，要考虑泵速及压力、黏土含量、硅质和有机质碎屑的生成潜力、微生物活动以及压裂液返排等因素。其中减阻剂是滑溜水压裂液体系的关键添加剂。本项目基于页岩气储层的特征、结合滑溜水压裂液工程要求，开展高效滑溜水体系的研究和调配。可以从以下参考研究思路选择一个进行研究：

（1）利用现有的减阻剂，通过优选和调配，开发出性能优良的滑溜水压裂液体系；研究添加剂对其性能的影响。

（2）对滑溜水压裂液用新型减阻剂开展分子设计、分子模拟；开发出高效减阻剂；并对其性能进行研究。

四、实验仪器及材料

1. 实验仪器

毛细管吸收时间测定仪；pH 计或精密 pH 试纸（显色反应间隔0.2）；毛细管黏度计；电子天平，感量0.0001g；电子天平，感量0.01g；表界面张力仪，符合 SY/T 5370 的规定；搅拌器，吴茵（Waring）混调器或同类产品，符合 SY/T 5107 的规定；秒表，精度0.01s；HAMZ-Ⅳ工作液减阻评价实验装置。

2. 实验材料

聚丙烯酰胺（PAM）类高分子聚合物；植物胶；疏水缔合聚合物；NaCl；$CaCl_2$；其他必要材料。

五、研究内容

（1）文献收集与分析：收集滑溜水压裂液的相关文献，分析各种体系优缺点和发展趋势，进行文献综述。

（2）减阻剂分子结构设计与合成：设计出适合滑溜水裂液体系的减阻剂分子结构；合成出减阻剂样品，通过现代分析测试手段对其分子结构进行初步表征。

（3）实验方案设计：进行滑溜水裂液体系组成的初步设计、评价实验方案设计、设计实验记录表。

（4）体系性能研究：研究各种组分的比例对压裂液体系性能的影响，优化出最佳配方；正确收集实验原始数据；初步分析减阻剂的作用原理。

（5）性能评价实验：评价滑溜水压裂液的主要工程性能，并对不同减阻剂体系性能进行比较。

（6）研究结果分析：分析各种因素变化对滑溜水压裂液体系性能的影响规律，并针对滑溜水中添加剂的分子结构及使用工艺改进提出建议。

（7）撰写研究报告，进行答辩和交流。

六、安全提示及注意事项

（1）充分了解使用仪器、药品、试剂的安全、环境、健康方面的性质和要求，按实验室安全要求做好个人健康、安全防护。

（2）实验中涉及高温操作和高速转动仪器，操作者应对所使用的设备有足够的熟练、正确操作能力，否则应在教师指导下完成，严禁违章操作。

（3）实验中的"三废"物质分类收集，集中处理。

七、思考题

（1）为什么页岩气压裂中要使用滑溜水压裂液而不采用传统 HPG 压裂液？

（2）实验中测试 CST 的意义是什么？

（3）配方设计中怎样实现减阻剂快速起黏？

第四章 酸化技术与酸化工作液

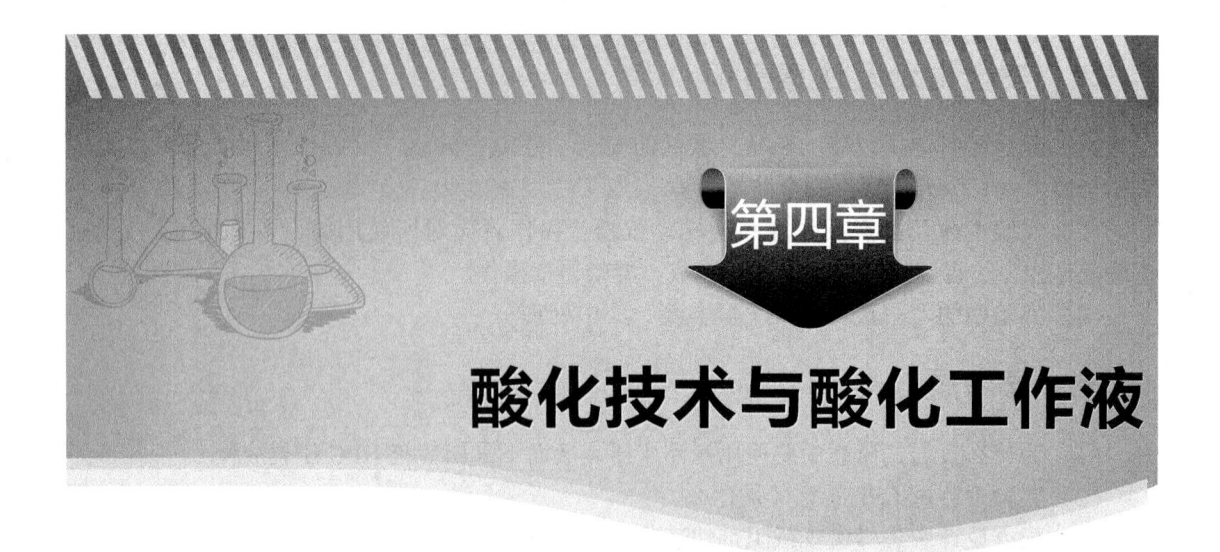

　　酸化是一种使油气井增产或注水井增注的有效方法。其基本原理是通过井眼向地层注入一种酸液或几种酸的混合液，利用酸与地层中部分矿物的化学反应，一方面，通过溶蚀解除孔隙、裂缝中的堵塞物和沟通封闭孔隙，增加流体流动通道数量；另一方面，通过溶蚀、刻蚀等作用，在裂缝壁面岩石增加新的孔隙、裂缝或沟槽，从而提高地层的渗透性和导流能力，使油气井增产或注水井增注。

　　根据储层岩层矿物类型和特性的不同，使用的酸液类型不同，对碳酸盐岩通常使用盐酸体系，对于砂岩通常使用土酸体系。根据造成油气井产量降低和注水能力降低的原因不同，采取的酸化工艺不同，如对于因射孔孔眼堵塞和井筒中可酸溶结垢的堵塞，常采用酸洗工艺；对于地层污染严重的油气井，通常采用基质酸化工艺；对于低渗透油气藏通常采用压裂酸化。为了提高酸化效果，通常需要控制酸岩反应速度、增加酸液作用距离，随着油气开采技术的发展，不断地有新的酸液添加剂、酸液体系、酸化工艺出现，如潜在酸体系、缓速酸体系、稠化酸体系、泡沫酸体系、转向酸体系等。

　　酸化用的酸液性能要求：与岩石有较强的反应能力、易于返排、对金属设施腐蚀小、滤失量小、产物对地层伤害小等。油气田酸化用酸液体系，除了起主要作用的酸外，还需要添加不同外加剂以满足酸液体系各种性能要求，如缓蚀剂、铁离子稳定剂、防乳-破乳剂、降滤失剂、稠化剂、黏土防膨剂、助排剂等。酸液体系的各种性能参数及添加剂性能在施工前都要用实验的方法确定。

实验一

酸液的配制及缓蚀剂性能评价

（基础型实验　2学时）

一、实验目的

（1）掌握油气田酸化用不同类型、浓度酸液体系的配制方法和缓蚀剂性能的评价方法；

（2）理解缓蚀剂的作用原理；

（3）了解酸液腐蚀的影响因素。

二、实验原理

油气井酸化工艺是油气井增产或注水井增注的有效措施之一。它是通过井眼向地层注入一种酸液或几种酸的混合液，来提高油水井近井地带的渗透率。现场应用最多的酸液体系是盐酸体系和土酸体系。盐酸体系主要用于碳酸盐岩地层，土酸主要用于砂岩地层。根据酸液现场应用实际情况，不同的油气井或地层，需配制不同浓度的盐酸或土酸酸液。

酸液注入过程会给地面钢铁设备和井下油管造成腐蚀，为了防止或减缓这种腐蚀，需要在酸液中加入缓蚀剂。不同缓蚀剂的缓蚀性能和作用原理各异，在酸液配方确定过程中，就必须对不同缓蚀剂的性能进行评价，从而选出性能优良且价格合理的缓蚀剂。

盐酸酸液的配制：按式(4-1-1) 和式(4-1-2) 可计算出配制一定体积、浓度的酸液所需的浓酸和水的用量。

浓盐酸用量按式(4-1-1) 计算：

$$V_0 = \frac{V \rho W}{\rho_0 W_0} \tag{4-1-1}$$

式中 V_0——浓盐酸用量，cm^3；

ρ_0——浓盐酸密度，g/cm^3；

W_0——浓盐酸浓度，%；

V——所配制的盐酸体积，cm^3；

ρ——所配制的盐酸密度，g/cm^3；

W——所配制的盐酸浓度，%。

蒸馏水用量按式(4-1-2) 计算：

$$V_水 = \frac{V\rho - V_0 \rho_0}{\rho_水} \tag{4-1-2}$$

式中 $V_水$——蒸馏水用量，cm^3；

$\rho_水$——室温下水的密度，g/cm^3。

土酸的配制原理：按式(4-1-3)、式(4-1-4)、式(4-1-5) 计算配制一定体积、一定浓度的土酸所需的浓盐酸、浓氢氟酸及水的用量。

浓盐酸用量按公式(4-1-3) 计算：

$$V_1 = \frac{V' \rho' W'}{\rho_1 W_1} \tag{4-1-3}$$

式中 V_1——所配土酸中浓盐酸用量，cm^3；

ρ_1——浓盐酸密度，g/cm^3；

W_1——浓盐酸浓度，%。

V'——所配土酸体积，cm^3；

ρ'——所配土酸密度，g/cm^3；

W'——所配土酸中盐酸浓度，%。

浓氢氟酸用量按公式(4-1-4) 计算：

$$V_2 = \frac{V'\rho'W'}{\rho_2 W_2} \tag{4-1-4}$$

式中　V_2——所配土酸中浓氢氟酸用量，cm³；
　　　ρ_2——浓氢氟酸密度，g/cm³；
　　　W_2——浓氢氟酸浓度，%。

蒸馏水用量按公式(4-1-5)计算：

$$V'_水 = \frac{V'\rho' - V_1\rho_1 - V_2\rho_2}{\rho_水} \tag{4-1-5}$$

式中　$V'_水$——所配土酸中蒸馏水用量，cm³。

缓蚀剂性能评价：酸液对金属铁的腐蚀属于化学腐蚀。其反应如下：

$$Fe + 2H^+ \longrightarrow Fe^{2+} + H_2$$

从反应式可以看出：在酸液存在情况下，金属铁与之反应，并以二价铁离子的形式溶于酸液中，从而金属铁的质量得以损失。本实验中采用挂片失重法来评价酸液对材料腐蚀程度和缓蚀剂的缓蚀性能。具体方法：在常压、温度不高于90℃条件下，将已称量的试片分别放入恒温的未加和加有缓蚀剂的酸液中，浸泡到预定时间后，取出试片，清洗、干燥处理后称量，计算失重量、平均腐蚀速率及缓蚀率。实验装置如图4-1-1和图4-1-2所示。

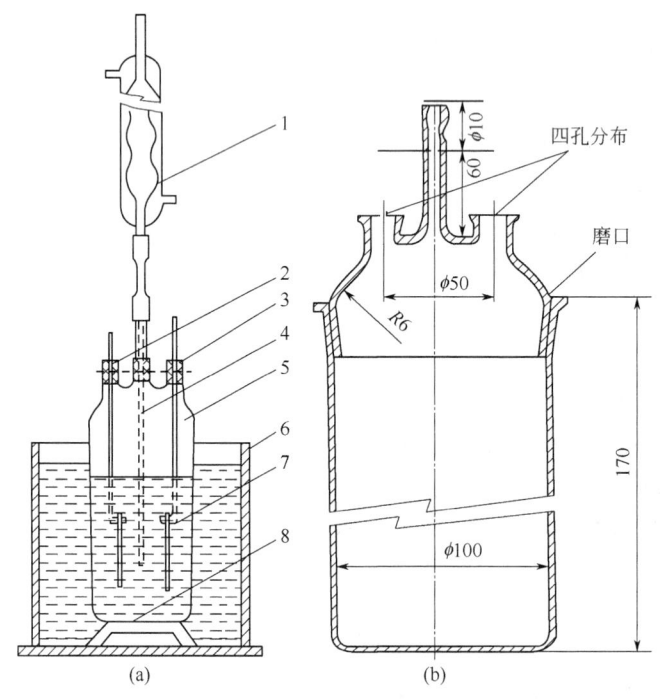

图 4-1-1　盐酸酸化用常压静态腐蚀实验装置
1—回流冷凝器；2—胶塞；3—挂钩；4—温度计；5—反应容器；6—恒温水浴；7—试片；8—反应器支架

三、实验仪器及材料

1. 实验仪器

常压静态腐蚀实验装置；分析天平（0.0001g）；恒温水浴；游标卡尺；反应容器（玻

璃瓶、塑料瓶);干燥器;烧杯;玻璃棒等。

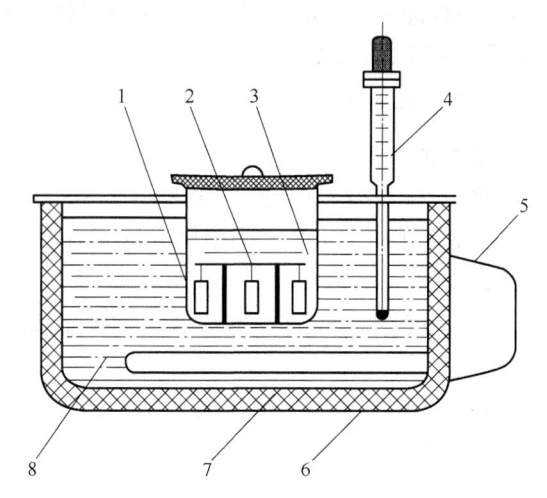

图 4-1-2 土酸酸化用静态腐蚀实验装置
1—塑料杯;2—试片及试片架(聚四氟乙烯);3—酸液;
4—水银接触温度计;5—电源;6—电加热器;7—保温套;8—水浴

2. 实验材料

盐酸,质量分数为36%~38%;氢氟酸,质量分数为40%;丙酮或石油醚;无水乙醇;缓蚀剂,甲醛或其他商品缓蚀剂;氢氧化钠标准溶液(0.5000mol/L);甲基橙指示液(1.0g/L);酚酞指示液(10.0g/L);N80钢片(50mm×10mm×3mm)。

四、实验内容及步骤

1. 试片制备

(1)试片加工:选用N80油管作试片材料,试片加工时,严禁热处理、锻压及敲打,但如果有锈迹,可用细砂纸打磨。试片尺寸如图4-1-3所示。

(2)试片清洗、称量:将已打磨的试片用镊子夹持,在丙酮或石油醚中用软刷清洗除去油污;在无水乙醇中浸泡约5min后取出用冷风吹干或晾干;放入干燥器20min后称量(精确至0.0001g)、测量其尺寸,并对其编号,储存于干燥器内待用。

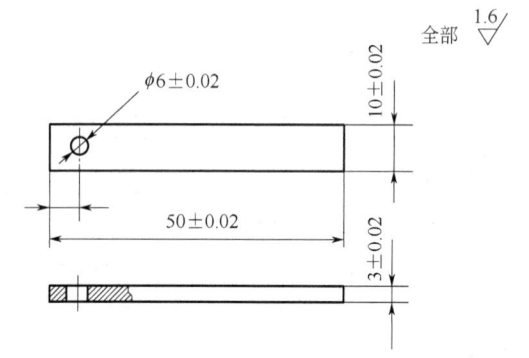

图 4-1-3 室内测定试片

2. 配制盐酸酸液

按式(4-1-1)和式(4-1-2)计算配制5.0%盐酸酸液500.0mL和10.0%盐酸酸液500.0mL所需的浓盐酸和蒸馏水用量。配制时,边搅拌边将浓盐酸缓慢加入蒸馏水中,用氢氧化钠标准溶液(0.5000mol/L)滴定酸液的准确浓度,测定误差不超过±0.2%。

3. 配制土酸酸液

按式(4-1-3)、式(4-1-4)、式(4-1-5)计算配制(8.0%HCl+2.0%HF)土酸酸液

500.0mL所需的浓盐酸、浓氢氟酸及蒸馏水用量。配制时需用塑料容器，按先蒸馏水，后浓盐酸，再浓氢氟酸的顺序缓慢搅拌加入。待混合混匀后，用氢氧化钠标准溶液（0.5000mol/L）滴定酸液的准确浓度，测定误差不超过±0.2%。

4. 常压静态腐蚀速率及缓蚀率测定

（1）酸液的类型对腐蚀速率的影响。

取4片已制备好的N80钢试片（盐酸和土酸各用2片），按试片表面积每平方厘米酸液用量20mL量取配制好的10.0%的盐酸和土酸，酸液倒入反应器中。按图4-1-1或图4-1-2接好装置，将反应器放入恒温水浴。

将试片分开单片吊挂，分别浸没于盐酸和土酸酸液中，保证试片表面全部与酸液接触并悬于酸中，开始计时。

室温下反应60min后，取出试片，立即用水冲洗，放在干净的滤纸上，最后用丙酮、无水乙醇逐片洗净，冷风吹干，放在干燥器内干燥20min。

在分析天平上称量，数据记录入表4-1-1。

（2）酸液的浓度对腐蚀速率的影响。将试片分别置于浓度为5.0%、10.0%HCl溶液中，在室温下测定酸液的腐蚀速率。数据记录入表4-1-2。

（3）温度对腐蚀速率的影响。在60℃条件下，测定钢片在10.0%HCl酸液中的腐蚀速率，并与室温下的情况作对比。数据记录入表4-1-3。

（4）缓蚀剂的评价。往10%盐酸酸液中分别加入3.0%、5.0%的甲醛，在60℃下，测定酸液的腐蚀速率。数据记录入表4-1-4。

五、实验记录及数据处理

1. 数据记录

表4-1-1 不同酸液的类型下试片腐蚀速率实验数据记录表

编号	酸液类型	表面积 A_1，mm²	反应前质量 m_1，g	反应后质量 m_2，g	反应时间 Δt，h	腐蚀失量 Δm，g	腐蚀速率 v_i，g/(m²·h)	平均腐蚀速率 $\bar{v}$，g/(m²·h)
1	HCl（10.0%）							
2								
3	HCl（8.0%）+HF（2.0%）							
4								

表4-1-2 不同盐酸浓度下试片腐蚀速率实验数据记录表

编号	盐酸浓度 C，%	表面积 A_1，mm²	反应前质量 m_1，g	反应后质量 m_2，g	反应时间 Δt，h	腐蚀失量 Δm，g	腐蚀速率 v_i，g/(m²·h)	平均腐蚀速率 $\bar{v}$，g/(m²·h)
1	5.0							
2								
3	10.0							
4								

表 4-1-3　不同反应温度下试片的腐蚀速率实验数据记录表

编号	反应温度 T,℃	表面积 A_1, mm²	反应前质量 m_1, g	反应后质量 m_2, g	反应时间 Δt, h	腐蚀失量 Δm, g	腐蚀速率 v_i, g/(m²·h)	平均腐蚀速率 $\bar{v}$, g/(m²·h)
1	室温							
2								
3	60							
4								

表 4-1-4　不同缓蚀剂（甲醛）加量下试片的腐蚀速率实验数据记录表

编号	甲醛加量 %	表面积 A_1, mm²	反应前质量 m_1, g	反应后质量 m_2, g	反应时间 Δt, h	腐蚀失量 Δm, g	腐蚀速率 v_i, g/(m²·h)	平均腐蚀速率 $\bar{v}$, g/(m²·h)
1	3.0							
2								
3	5.0							
4								

2. 数据处理

（1）腐蚀速率计算：

$$v_i = \frac{10^6 \Delta m_i}{A_i \Delta t} \tag{4-1-6}$$

式中　v_i——单片腐蚀速率，g/(m²·h)；

Δt——反应时间，h；

Δm_i——试片腐蚀失量，g；

A_i——试片表面积，mm²。

（2）缓蚀率计算：

$$\eta = \frac{v_0 - v}{v_0} \times 100\% \tag{4-1-7}$$

式中　η——缓蚀率，%；

v_0——未加缓蚀剂的腐蚀速率，g/(m²·h)；

v——加有缓蚀剂的腐蚀速率，g/(m²·h)。

（3）平均腐蚀速率：

$$\bar{v} = \frac{v_1 + v_2}{2} \tag{4-1-8}$$

式中　$\bar{v}$——一组平行样平均单片腐蚀速率，g/(m²·h)；

v_1、v_2——同组的 2 块试片的腐蚀速率，g/(m²·h)。

六、安全提示及注意事项

（1）充分了解使用仪器、药品、试剂的安全、环境、健康方面的性质和要求，按实验室安全要求做好个人健康、安全防护。

（2）实验过程中所使用的浓酸具有强烈的腐蚀性，按安全要求做好预防措施；浓酸稀释过程中，必须是将浓酸缓慢加入蒸馏水中稀释，禁止将蒸馏水加入浓酸中。

（3）实验中的"三废"物质分类收集，集中处理。

七、思考题

（1）酸液的类型及添加剂有哪些？分别适应于哪种岩石的地层？
（2）酸化用缓蚀剂的种类有哪些？作用原理分别是什么？
（3）酸化用缓蚀剂的缓蚀性能评价方法除失重法外，还有哪些？

实验二

酸液中铁离子稳定性及铁离子稳定剂性能评价

（综合实验　4学时）

一、实验目的

（1）学习用无机化学中沉淀平衡的原理分析酸化中产生铁沉淀的复杂工程问题的方法；
（2）掌握酸化用铁离子稳定剂性能评价方法、Excel作图及趋势拟合方法；
（3）理解稳定铁离子的工程意义及铁离子稳定剂的作用原理；
（4）了解铁离子稳定剂的类型及pH值对铁离子稳定性的影响。

二、实验原理

在油气层酸化作业处理中，高浓度的酸溶液在搅拌和泵注过程中，对施工设备、井下管柱的腐蚀以及对地层岩石中含铁矿物的溶蚀都会产生大量Fe^{2+}和Fe^{3+}。Fe^{2+}和Fe^{3+}在酸液中能否沉淀，取决于酸液的pH值与铁盐$FeCl_2$、$FeCl_3$的含量。当$FeCl_2$的含量大于0.6%且pH值大于6.84时，Fe^{2+}会水解生成凝胶状的$Fe(OH)_2$沉淀；当$FeCl_3$的含量大于0.6%且pH值大于1.86时，Fe^{3+}会水解生成凝胶状的$Fe(OH)_3$沉淀；凝胶状的铁离子沉淀易堵塞地层孔隙，从而造成储层伤害，因此，酸化中要避免铁离子沉淀。由于残酸的pH值一般不会超过6，所以，当酸液体系中不存在硫化氢的环境时，可以不考虑二价铁的沉淀问题。相反的，而残酸的pH值一般都超过了1.86，所以，必须考虑三价铁的沉淀问题。酸化施工中加入铁离子稳定剂的目的就是防止Fe^{3+}产生沉淀。防止Fe^{3+}沉淀的方法主要有将易沉淀Fe^{3+}和还原为不易沉淀的Fe^{2+}，或通过络合的方法使Fe^{3+}形成稳定的络合物防止其沉淀。

要准确控制铁离子的沉淀，首先要对残酸中铁离子的含量进行分析。邻二氮菲光度法是测定二价铁离子的经典方法，该方法准确性高、灵敏度高、方法简单。在pH值为2~9范围内，邻二氮菲与二价铁离子生成稳定的红色配合物。用盐酸羟胺将体系中三价铁还原成二价，用邻二氮菲作显色剂，可测定试样中总铁含量。可见分光光度法进行定量分析的依据是朗伯—比耳定律：

$$A = \lg \frac{I_0}{I} = \varepsilon b c \qquad (4\text{-}2\text{-}1)$$

式中　A——吸光度；
　　　I_0——入射光强度；
　　　I——透射光强度；
　　　ε——摩尔吸光系数；
　　　b——物质吸收层的厚度；
　　　c——物质的浓度。

根据朗伯—比尔定律，具有稳定显色的体系，在特定吸收波长的和固定测量条件下，吸光度与显色物质的浓度成正比。光度分析的基本方法是将待测溶液装入厚度为 b 的两个吸收池中，让一束特定波长的平行光分别照射待测溶液，入射光强为 I_0，透过光强为 I，则可得吸光度 A。因此，可根据测得的吸光度值求出待测溶液的浓度。为了使测定有较高的灵敏度和准确度，必须选择适宜的显色反应条件和仪器测量条件；为消除溶剂及其他物质对测定的影响，通常用空白溶液进行校正；为使测定更加准确，通常采用标准液工作曲线—内插法确定待测样品的浓度。

三、实验仪器及材料

1. 实验仪器

恒温水浴；反应瓶；容量瓶；可见光分光光度计；筛子（100目）；pH 精密试纸；分析天平，感量 0.01mg。

2. 实验材料

10.0%HCl 溶液；100mg/L $FeCl_3$ 标准溶液；1mol/L Na_2SO_3（铁稳定剂）；0.15%邻二氮菲水溶液；10%盐酸羟胺溶液（新鲜配制）；1mol/L 乙酸钠（NaAc）溶液；1mol/L 氢氧化钠溶液；岩样粉（过 20~400 目筛）。

四、实验内容及步骤

1. 吸收曲线的绘制和测量波长的选择

用移液管取 100mg/L 铁标准溶液 2.00mL，加入 50mL 容量瓶中，并加入 10%盐酸羟胺溶液 1.00mL，摇匀。加入 0.15%邻二氮菲水溶液 2.00mL，1mol/L 乙酸钠溶液 5.00mL，以水稀释至刻线。在分光光度计上用 1cm 比色皿，以不加显色剂邻二氮菲的试剂溶液为参比溶液，波长区间在 440~560nm 间，每隔 10nm 测定一次吸光度，实验数据记录入表 4-2-1，并以波长为横坐标，吸光度为纵坐标，绘制吸收曲线。以吸光值大为选择标准，选择出测量的最适宜波长。

2. 显色剂用量选择

在 6 个 50mL 容量瓶中，各加入 100mg/L 铁标准溶液 2.00mL 和 10%盐酸羟胺溶液 1.00mL，摇匀。分别加入 0.10mL、0.50mL、1.00mL、2.00mL、3.00mL 及 4.00mL 0.15%邻二氮菲水溶液，然后加入 1mol/L NaAc 溶液 5.0mL，以水稀释至刻线，摇匀。在光度计上用 1cm 比色皿，在选定的波长下，以不加显色剂邻二氮菲的试剂溶液为参比溶液，测定吸光度，实验数据记录入表 4-2-2。以邻二氮菲体积为横坐标，吸光度为纵坐标，绘制吸光度—邻二氮菲试剂用量曲线。以吸光值大为选择标准，选择出测量的最适宜的邻二氮菲用量。

3. 标准曲线的制作

在六支 50mL 容量瓶中，分别加入 100mg/L 铁标准溶液：0.00、0.20mL、0.40mL、0.60mL、0.80mL、1.00mL，再加入 1.00mL10%盐酸羟胺溶液，加入 4.2 中选择的最佳加量的 0.15%邻二氮菲水溶液和 1mol/L NaAc 溶液 5.0mL，以水稀释至刻线，摇匀。在选择的最佳波长处，用 1cm 比色皿，以空白试剂为参比，测定吸光度，实验数据记录在表 4-2-3，以铁离子浓度为横坐标，吸光度为纵坐标，绘制标准曲线。

4. 残酸液制备与总铁离子含量测定

（1）取 10%HCl 200mL，少量多次缓慢加入盛有足量的岩样粉（20~400目）的反应器中。

（2）置反应瓶于 70℃的恒温水浴中反应，直至 pH≥3。

（3）将未反应的岩屑用 100 目筛过滤，得滤液为残酸溶液。

（4）取过滤后的残酸溶液 1.00mL，在实验确定的条件下，用分光光度计测其滤液中的总铁离子含量。如果所测溶液的吸光度太大，可将滤液用去离子水稀释后测量。实验结果为实测浓度×稀释倍数。

5. 铁离子稳定性及铁稳定剂的评价

（1）在 4 支具塞刻度管中，各加入 50mL 残酸液，在其中 2 支管中加入 1.0g $FeCl_3$；在另 2 支管中先加入 1.0g 铁稳定剂（Na_2SO_3），再加入 1.0g $FeCl_3$；混匀同时置于 70℃恒温水浴中，观察并记录开始产生沉淀的时间在表 4-2-4。

（2）反应 1.5h 后，用已称量的滤纸将沉淀进行抽滤，称重，并记录各自的重量；按本实验中 4.（4）的方法测定滤液中铁离子含量。实验数据记录入表 4-2-4。

五、实验记录及数据处理

1. 实验数据记录

（1）吸收曲线绘制和测量波长选择的实验数据记录入表 4-2-1。

表 4-2-1　入射光波长对吸光度关系数据表

波长，nm	440	450	460	470	480	490	500
吸光度 A							
波长，nm	510	520	530	540	550	560	570
吸光度 A							

（2）显色剂用量确定实验数据记录入表 4-2-2。

表 4-2-2　显色剂用量对吸光度关系数据表

显色剂用量，mL	0.10	0.50	1.00	2.00	3.00	4.00
吸光度 A						

（3）标准曲线绘制实验数据记录入表 4-2-3。

表 4-2-3　标准铁离子浓度对吸光度数据表

铁离子标液浓度 mg/L	0	0.40	0.80	1.20	1.60	2.00	残酸滤液样品	加铁离子稳定剂滤液样品
吸光度 A								

(4) 铁稳定剂的评价实验数据记录入表4-2-4。

表 4-2-4 铁稳定剂的评价实验数据记录表

编号	Na₂SO₃ 加量 m, g	沉淀时间 T, min	沉淀质量 m, g	残酸中铁离子浓度 C_F, mg/L	滤液中铁离子浓度 C_L, mg/L	铁离子稳定度 F_i, %	铁离子稳定度平均值 $\bar{F}$, %
1	0						
2							
3	1						
4							

2. 数据处理

(1) 根据实验测得的残酸滤液样品和加有铁离子稳定剂（Na₂SO₃）滤液样品的吸光度，在标准工作曲线查得其对应的浓度；根据稀释倍数计算滤液原始铁离子浓度。

(2) 对比添加与未添加还原剂 Na₂SO₃ 的沉淀量，分析 Na₂SO₃ 稳定铁离子效果。

(3) 铁离子稳定度计算。

按公式(4-2-2)计算铁离子稳定度。

$$F_i = \frac{C_L}{C_F} \times 100\% \tag{4-2-2}$$

式中　F_i——铁离子稳定度，%；
　　　C_F——残酸液中铁离子浓度，mg/L；
　　　C_L——滤液中铁离子浓度，mg/L。

按公式(4-2-3)计算铁离子稳定度平均值。

$$\bar{F} = \frac{F_1 + F_2}{2} \times 100\% \tag{4-2-3}$$

式中　$\bar{F}$——铁离子稳定度平均值，%。

六、安全提示及注意事项

(1) 充分了解使用仪器、药品、试剂的安全、环境、健康方面的性质和要求，按实验室安全要求做好个人健康、安全防护。

(2) 在使用比色皿时，手指接触比色皿的毛面，不能接触光面，否则影响实验精度。每次测试前需用蒸馏水清洗比色皿，并用滤纸擦拭干净。

(3) 实验中的"三废"物质分类收集，集中处理。

七、思考题

(1) 用邻二氮菲法测定铁时，为什么在测定前需要加入还原剂盐酸羟胺？
(2) 影响显色反应的因素有哪些？如何选择合适的显色条件？
(3) 参比溶液的作用是什么？在本实验中可否用蒸馏水作参比？
(4) 防止 Fe^{3+} 沉淀的主要方法有哪些？

实验三

砂岩缓速酸的性能评价

（综合型实验 4 学时）

一、实验目的

（1）掌握缓速酸性能评价方法；
（2）理解缓速酸的缓速原理及影响因素；
（3）了解缓速酸酸化技术的发展趋势。

二、实验原理

在常规酸化施工中，由于酸岩反应速度快，酸的穿透距离短，只能消除近井地带的伤害。而提高酸的浓度虽可增加酸的穿透距离，但又会产生严重的泥砂及乳化液堵塞，也给防腐蚀带来困难，尤其是高温深井。常规酸化的增产有效期通常较短，砂岩经土酸处理之后，由于黏土及其他微粒的运移易堵塞油流通道，造成酸化初期增产而后期产量迅速递减的普遍性问题。酸化压裂也会因酸液与碳酸盐作用太快，使离井底较远的裂缝不容易受到新鲜酸液的溶蚀。因此，必须运用缓速酸技术对地层进行深部酸化以改善酸处理效果。

在砂岩缓速酸性能评价实验中，比较岩样在缓速酸与土酸中的失重率，来评价缓速酸的静态缓速性能及最终溶蚀能力。为了更准确地评价砂岩缓速酸的性能，可以做若干平行样，绘制出缓速酸与土酸在不同时间下的失重率变化曲线。根据曲线趋势，可以更加直观地看出两种酸液反应速率的区别，从而评价缓速酸的性能。

三、实验仪器及材料

1. 实验仪器

塑料量筒（50mL、100mL、500mL、1000mL）；塑料烧杯（100mL、250mL）；恒温水浴；干燥箱；120目标准筛；分析天平（感量0.0001g）。

2. 实验材料

盐酸；氢氟酸；$AlCl_3 \cdot 6H_2O$；岩屑；蒸馏水；天然砂岩岩心；广泛pH试纸。

四、实验内容及步骤

1. 缓速土酸的配制

按质量比15%HCl+1.5%HF溶液+83.5%水配制土酸溶液；按质量比15%$AlCl_3 \cdot 6H_2O$+15%HCl+1.5%HF+68.5%水配制缓速土酸。

2. 岩样准备

取一定量的干燥岩屑，粉碎后过实验筛，直至通过120目标准筛的岩心量大于所取量的

80%，将过筛的岩样混匀待用。

3. 岩样失重的测定

（1）分别称取 4 份 3g 左右（准确至 0.0001g）干燥至恒重的岩样。

（2）按 1g 岩样对应 20mL 酸液，用塑料量筒准确量取 60mL 左右土酸和 60mL 左右缓速酸各 2 份，分别加入 4 个塑料烧杯。

（3）将塑料烧杯放入 70℃水浴中，恒温 10~15min。

（4）将岩样分别放入酸液中，开始计时。快速搅拌至岩样全部被酸液润湿、静置。

（5）反应 2h 后，取出烧杯，用已称重的滤纸过滤，用蒸馏水冲洗，直至滤液呈中性。

（6）把残样连同滤纸放入干燥箱于（105±1）℃干燥至恒重，称重（准确至 0.0001g）。

五、实验记录及数据处理

（1）实验数据记录入表 4-3-1。

表 4-3-1　不同酸液体系缓蚀记录表

编号	酸液体系	酸前岩样质量 m_1, g	酸后岩样质量 m_2, g	酸液体积 V mL	时间 t h	温度 T ℃	失重率 η %	酸岩反应速率 v, g/(g·min)
1								
2								
3								
4								

（2）实验数据处理。

按公式(4-3-1)计算岩样的失重率。

$$\eta = \frac{m_1 - m_2}{m_1} \times 100\% \quad (4-3-1)$$

式中　η——岩样失重率，%；

m_1——实验前岩样质量，g；

m_2——实验后岩样质量，g。

按公式(4-3-2)计算单位时间、单位质量岩样的失重量，比较不同体系的酸岩反应速率。

$$v = \frac{m_1 - m_2}{m_1 t} \quad (4-3-2)$$

式中　v——酸岩反应速率，g/(g·min)；

m_1——岩样初始质量，g；

m_2——反应 t 时间后岩样的质量，g；

t——岩样的反应时间，h。

六、安全提示及注意事项

（1）充分了解使用仪器、药品、试剂的安全、环境、健康方面的性质和要求，按实验室安全要求做好个人健康、安全防护。

（2）实验过程中所使用的浓酸具有强烈的腐蚀性，按安全要求做好预防措施；浓酸稀释过程中，必须是将浓酸缓慢加入蒸馏水中稀释，禁止将蒸馏水加入浓酸中。

（3）实验中的"三废"物质分类收集，集中处理。

七、思考题

（1）缓速酸的类型有哪些？其作用原理是什么？

（2）缓速酸性能除了用失重率来评价，还有什么方法？

实验四

变黏酸体系的设计与性能评价

（设计型实验　16~20 学时）

一、实验目的

（1）掌握酸液体系设计与优化的基本程序和方法；

（2）理解工作液体系各种性能指标的工程意义及各种油气田化学处理剂的作用原理；

（3）巩固酸液体系性能实验基本方法和专业仪器使用方法；

（4）培养学生的工程设计能力。

二、设计概述

酸化是使油气井增产或注水井增注的重要措施之一。它是通过井眼向地层注入一种或几种酸液或酸性混合溶液，利用酸与地层或近井地带部分矿物的化学反应，溶蚀储层中的连通孔隙或天然（水力压裂）裂缝壁面岩石，增加孔隙和裂缝的导流能力，达到油气井增产或注水井增注的目的。

在酸化工艺和技术发展的过程中，新型酸液及添加剂的应用着重是降低酸对金属管线和设备的腐蚀、控制酸岩反应速率、提高酸化效果、防止地层污染和降低施工成本。21 世纪以来，酸化技术的发展方向主要集中在针对特殊储层的特殊酸液体系和非常规酸化工艺两方面，随着各油田难采储量的逐步动用，酸化施工面对的储层情况日益复杂，为满足储层改造的需求，国内外已发展形成了清洁变黏酸体系。

根据变黏机理的不同，变黏酸又可分为聚合物变黏酸和黏弹性表面活性剂变黏酸。黏弹性表面活性剂 pH 控制变黏酸又被称为 VES 转向酸或自转向酸。VES 转向酸是一种不含聚合物的酸液，以黏弹性表面活性剂为稠化剂，加入反离子、无机盐及其他酸液添加剂配制而成。早期主要使用季铵盐类阳离子表面活性剂，随着对表面活性剂的认识加深，逐渐开始使用甜菜碱类两性离子表面活性剂和氧化胺类两性离子表面活性剂，与其他酸液体系相比，VES 转向酸具有易返排、低伤害、自转向、缓速、降滤失等显著优点。

由盐酸、黏弹性表面活性剂、缓蚀剂、铁离子稳定剂等与水配成的酸液体系，该酸液体系能够随着与碳酸盐岩反应的进行，酸液黏度不断增加，酸液对高渗透率储层进行封堵，导致后续酸液进入低渗透率储层。峰值黏度：配制的鲜酸与碳酸盐岩反应到一定的酸浓度时，酸液黏度达到最大值，并随着反应的继续进行黏度下降，出现的黏度最高值即是峰值黏度。泛酸：鲜酸与碳酸盐岩反应到酸浓度为10%鲜酸浓度时的酸液。表面活性剂变黏酸液体系的设计步骤如图4-4-1所示。

三、设计内容及要求

1. 设计内容

任选一组进行设计和性能评价实验。

（1）实验方法：参考《碳酸盐岩储层改造用黏弹性表面活性剂自转向酸技术规范》Q/SY 17003—2017；

（2）体系的性能指标：鲜酸表观黏度（常温）≥3mPa·s；峰值黏度（常温）≥150mPa·s；峰值黏度≥30mPa·s（75℃，剪切速率170s^{-1}）；鲜酸表面张力≤35mN/m，泛酸的表面张力≤33mN/m；静态腐蚀速度（75℃）≤5.0g/(m^2·h)。

2. 设计要求

（1）根据所选实验要求和条件，选择适合的添加剂，设计出实验基本配方和方案，与实验指导教师讨论确定后进行实验。实验步骤参考本章的各实验操作；本章未涉及实验操作，与指导教师讨论确定。

（2）添加剂的选择原则：性能优良、油田常用、易于获得、经济环保。

（3）测定酸液的各种性能指标，并进行初步的调配。

（4）撰写设计报告。

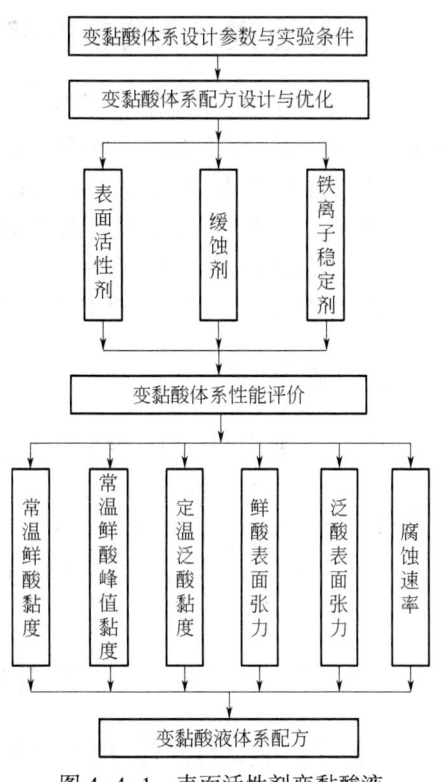

图4-4-1 表面活性剂变黏酸液体系的设计一般程序

四、实验材料及仪器

1. 实验仪器

六速旋转黏度计；表面张力仪；高温常压静态腐蚀仪。

2. 实验材料

表面活性剂（多种）；酸液缓蚀剂（多种）；铁离子稳定剂（多种）。

五、实验记录及数据处理

（1）根据实验需要设计所需的记录表格记录实验数据。

（2）按要求表示出各项指标的实验结果。

六、安全提示及注意事项

（1）充分了解使用仪器、药品、试剂的安全、环境、健康方面的性质和要求，按实验室安全要求做好个人健康、安全防护。

（2）实验中涉及高温操作和高速转动仪器，操作者应对所使用的设备有足够的熟练、正确操作能力，否则应在教师指导下完成，严禁违章操作。

（3）配制酸液时要做好各种安全防护。

（4）实验中的"三废"物质分类收集，集中处理。

七、思考题

（1）变黏酸中的表面活性剂选择要考虑哪些因素？

（2）变黏酸的工程意义是什么？

（3）设计中为什么要测峰值黏度？

（4）在变黏酸的配方设计中除了要考虑性能指标外，还应该考虑那些因素？

实验五

碳酸盐岩酸压用变黏酸酸液体系的调配与性能研究

（研究型实验 16~20学时）

一、实验目的

（1）掌握油气田化学工作液体系研发的完整过程、评价标准和实验方法；

（2）理解油气田化学工作液体系中各种组分的结构、性质与其工程作用之间的逻辑关系；

（3）拓展相关理论知识、巩固实验技能，了解行业发展前沿；

（4）培养学生根据工程实际需求，提出、分析、解决复杂工程问题的能力。

二、研究目标

（1）研制出一种由pH值控制的变黏酸酸液配方；

（2）酸液初始黏度为30~45mPa·s，pH值上升至2~4时，酸液体系黏度达到最大值，pH≥4时，酸液体系黏度降低至初始黏度；

（3）体系抗温90℃；

（4）各外加剂配伍性良好；

（5）酸液腐蚀速率≤5.0g/(m²·h)；

（6）酸液的滤失低，返排性能良好。

三、参考研究路线

酸压技术是目前改造碳酸盐岩储层的主导工艺，酸压可形成有效酸蚀裂缝，沟通储集层的天然缝洞系统、提高酸蚀裂缝的导流能力、疏通油气入井通道。但由于酸岩反应速度快、酸蚀蚓孔的生成、滤失量大等原因，酸压裂缝的延伸受到限制。理想的酸液应在泵注过程中具有良好的流动性；低滤失；在酸岩反应期间具有较高的黏度以便控制酸岩反应速度、增加酸岩作用距离或自动转向到低渗透地层；施工后降解降黏；易于返排到地面。为满足酸压工艺的要求，科技工作者开发了不同类型的酸液体系，变黏酸即是其中一种。

变黏酸（又称为降滤失酸）是一种新的、具有独特流变性的酸液体系。例如，以黏弹性表面活性剂为稠化剂的变黏酸，能在一定 pH 范围内的地层中形成棒状胶束使酸液黏度增加，在酸液消耗为残酸后能自动破胶降黏的酸液体系。变黏酸的作用机理主要通过酸液黏度的变化来达到控制滤失量、酸液的有效作用距离。变黏酸与胶凝酸的不同之处就在于新酸向残酸转变的过程中，增加了一个黏度升高到降低的过程，即酸液的初始黏度低于 10mPa·s，进入地层后，随着酸岩反应，其 pH 值上升，当 pH 值上升至 2~4 时，酸岩反应产物与酸液中的添加剂发生化学反应，酸液由线性流体变成黏弹性的冻胶状流体，体系的黏度可以达到 1000mPa·s。酸液的这种高黏状态使其在地层的微裂缝及孔道中的流动阻力变得很大，极大地限制了液体的滤失；减缓了酸液中 H^+ 向岩石表面扩散速度，使鲜酸继续向深部穿透或自行转向其他的低渗透层。随着酸液的进一步消耗，表面活性剂胶体系的胶束形状发生变化，液体又恢复到原来的线性流体状况，黏度随之降低，易与返排。

参考研究路线：以特种表面活性剂（如芥酸酰胺甜菜碱，长链烷基氯化吡啶，长链烷基季铵盐）为稠化剂与降滤失剂、缓蚀剂等必要添加剂研发一种碳酸盐岩酸压用变黏酸酸液体系。

四、实验仪器及材料

1. 实验仪器

高温高压滤失仪；高温高压静态腐蚀仪；常规玻璃仪器；电子天平（精度 0.01g）；六速旋转黏度计；其他必要的仪器。

2. 实验材料

盐酸，36%~38%；芥酸酰胺甜菜碱（或其他需要的表面活性剂），工业级；降滤失剂、缓蚀剂、铁离子稳定，市售商品；碳酸盐岩；N80 钢片；其他必要材料。

五、研究内容

（1）文献收集与分析：收集变黏酸体系的相关文献资料，分析各种变黏酸体系的优缺点，进行文献综述。

（2）实验方案的设计：设计变黏酸体系配方；设计性能评价实验方案；设计实验记录表格。

（3）变黏酸酸液性能评价与优化：优化出满足研究目标的变黏酸体系；评价其综合性能。

（4）实验结果分析与总结：分析各种组分的作用；分析各种因素对变黏酸体系的性能影响规律及原因；根据实验结果结合所学专业知识提出改进初步设想。

（5）撰写研究报告，进行答辩和交流。

六、安全提示及注意事项

（1）充分了解使用仪器、药品、试剂的安全、环境、健康方面的性质和要求，按实验室安全要求做好个人健康、安全防护。

（2）实验涉及高温操作，实验过程中所使用的浓酸具有强烈的腐蚀性，按安全要求做好预防措施；浓酸稀释过程中，必须是将浓酸缓慢加入蒸馏水中稀释，禁止将蒸馏水加入浓酸中。

（3）实验中的"三废"物质分类收集，集中处理。

七、思考题

（1）变黏酸与凝胶酸的联系与区别是什么？

（2）分析变黏酸酸液体系中各种外加剂的作用及机理。

（3）在变黏酸的实际应用过程中，除了用 pH 值来控制酸液的黏度，还能有其他控制条件吗？如果有请说明原理及优缺点。

（4）在现场实际应用过程中，为了尽可能使酸液体系的性能与室内性能一致，在酸化施工工艺方面应注意哪些事项？

第五章 化学堵水与调剖工作液

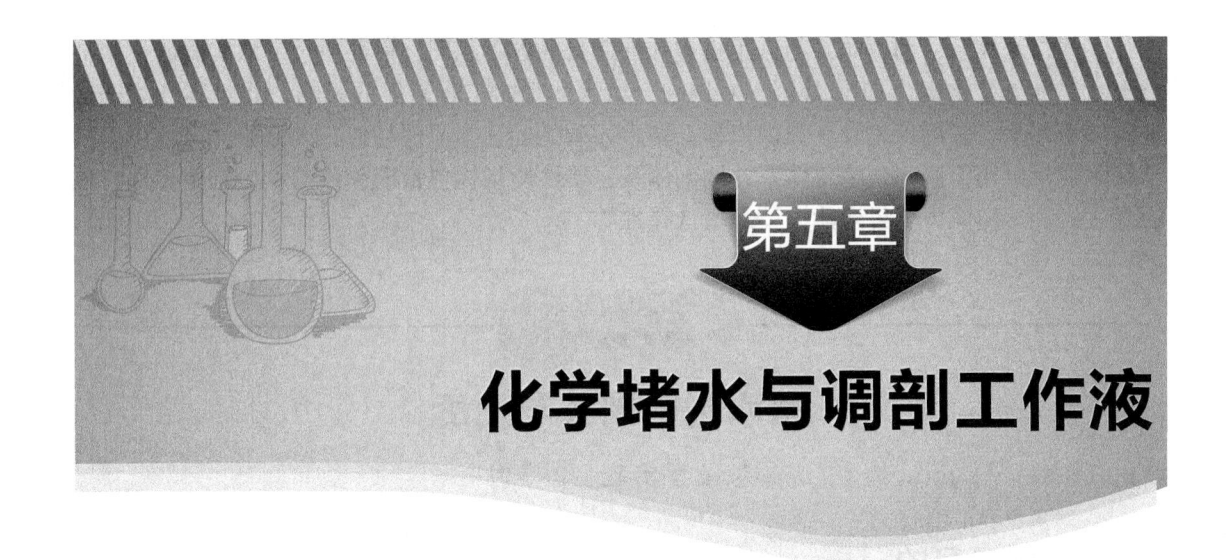

注水开发（注水采油）是向油层注水，保持或提高地层能量、驱动地层油气向采油井流动以提高油气采收率的采油方法。油田注水开发中，由于油层的非均质性（即不同层位的渗透性不同），注入油层的水通常有80%~90%的量被厚度不大的高渗透层所吸收，致使注入剖面极不均匀，低渗透层的油气得不到有效驱替；特别是在注水后期，注入水在高渗透层贯通注水井和采油井，致使注水驱油效果大幅度下降，采油井含水量快速上升，甚至致使油层过早水淹，而地下剩余可采储量依然较大。除了地层的非均质性外，注水方式不当，边水内侵、底水锥进也是油井出水的原因之一。对于油井出水如不及时采取措施，会使某些高产井转变为无工业开采价值的井，并且还可能使储层结构破坏，造成油井出砂，同时使液体密度和体积增大，井底油压增大，使自喷井转为抽油井，增加地面作业费用，因此，找水、堵水及对油田出水进行综合治理是油田开发中必须及时解决的问题。

"控制水油比"或"控制产水"方法的实质是改变水在地层中的流动特性，即改变水在地层的渗流规律。工程上可以在油井（生产井）上进行，通常称为油井堵水；也可以在注水井上进行，通常称为注水井调剖。堵水、调剖最基本的原理是通过堵塞高渗透地层，有效地改善注入水波及体积，调整油藏开采结构，提高油气产量，因此是注水开发过程中的一项关键技术。

油气井出水按水的来源不同可分为："同层水"，包括注入水、边水、低水，这些类型的水与油层在同一层位；"外来水"，包括上层水、下层水、夹层水，这些类型的水来自油层以外，与油层不在同一层。来自对于"同层水"必须采取控制和必要的封堵措施，使其缓出水。而对于"外来水"在可能的条件下尽量采取将水层封死的措施。堵水技术按对油层影响不同，分为机械堵水、化学堵水。化学堵水剂根据堵剂对水相和油相渗透率的影响的不同可分为选择性堵水剂和非选择性堵水剂；根据堵水机理的不同可分为树脂型堵水剂、冻胶型堵水剂、凝胶型堵水剂、沉淀型堵水剂和分散体型堵水剂等；根据分散介质的不同又可分为水基堵剂、油基堵剂和醇基堵剂。

针对油井过早见水的问题，普遍采用调剖堵水技术，它是在原开采井网不变的情况下通过调整产层结构来实现的。调剖技术按调剖剂特点和作用机理的不同分为固体颗粒调剖、聚合物凝胶调剖、木质素冻胶调剖等方法；按施工方式调剖技术分为单液法、双液法、复合段塞法等。

不同堵水体系、调剖体系的作用机理和使用目的各不相同,需要通过室内实验研究堵剂类型、温度、矿化度、pH 值等因素对调剖、堵水体系的工程性能的影响,并对其性能进行评价,为堵水、调剖工艺设计提供依据。堵水、调剖的基本原理相似,大部分体系既可以用于堵水也可以用于调剖。堵水体系、调剖体系主要性能指标包括成胶液黏度、抗剪切性、抗温性、岩性适应能力、封堵能力、封堵选择性等。

实验一

堵水剂的制备与性质

(基础型实验 2 学时)

一、实验目的

(1) 掌握常见堵水剂的制备方法;
(2) 理解不同堵水剂的堵水机理及其使用性质;
(3) 了解不同类型堵水剂的特点和应用条件。

二、实验原理

堵水剂是指从油、水井注入地层,能减少地层产出水的物质。从油井注入地层的堵水剂称油井堵水剂(或简称堵水剂),从水井注入地层的堵水剂称为调剖剂。不同类型堵水剂的形成机理、使用性质和应用条件各不相同。油田常用的堵水剂形成机理如下:

沉淀型堵水剂:沉淀型堵水剂由两种可反应产生沉淀的物质组成。沉淀物质填充在地层水的通道(孔隙)中,形成物理堵塞作用,降低渗透率,达到堵水的目的。水玻璃—氯化钙是油田最常用的沉淀型堵水剂,它通过如下反应产生沉淀:

$$Na_2O \cdot mSiO_2 + CaCl_2 \longrightarrow CaO_2 \cdot mSiO_2 \downarrow + 2NaCl$$

凝胶型堵水剂:凝胶是由溶胶转变而来。当溶胶在物理或化学作用下(如电解质加入引起溶胶粒子部分失去稳定性而产生有限度聚结)形成网络结构,将液体包在其中,从而使整个体系失去流动性时,即转变为凝胶。凝胶是通过其高黏度、黏弹性等作用控制水在油水层中的流动速度来实现堵水。硅酸凝胶是油田堵水中常用的一种堵水凝胶,硅酸凝胶由硅酸溶胶转化而来,硅酸溶胶由硅酸钠(又名水玻璃,$Na_2O \cdot mSiO_2$)与活化剂反应生成。活化剂是指可使水玻璃先变成溶胶而随后又变成凝胶的物质。盐酸是常用的活化剂,其与水玻璃的反应如下:

$$Na_2O \cdot SiO_2 + 2HCl \longrightarrow H_2SiO_3(凝胶) + 2NaCl$$

由于制备方法不同,可得两种硅酸溶胶,即酸性硅酸溶胶和碱性硅酸溶胶。这两种硅酸溶胶都可在一定的条件(如温度、pH 值和硅酸含量)下,在一定时间内胶凝。评价硅酸凝胶堵水剂常用两个指标,即胶凝时间和凝胶强度。胶凝时间是指硅酸体系自生成至失去流动性的时间。凝胶强度是指凝胶单位表面积上所能承受的压力。

冻胶型堵水剂:冻胶一般是由高分子溶液通过交联转变而来,交联剂(如锆的多核羟桥络离子）可以使高分子间发生交联，形成网络结构，将液体（如水）包在其中，从而使高分子溶液失去流动性，即转变为冻胶。冻胶是通过其吸附、高黏度、黏弹性、捕集等作用控制水在油水层中的流动速度来实现堵水。锆冻胶是油田常用的冻胶型堵水剂。锆冻胶是由锆的多核羟桥络离子与 HPAM 中的羧基发生交联反应而形成的。体系的 pH 值可影响多核羟桥络离子的形成及 HPAM 分子中羧基的量，因此，pH 值可影响锆冻胶的成冻时间和冻胶强度。

悬浮体型堵水剂：悬浮体是指溶解度极小但颗粒直径较大的固体颗粒分散在溶液中所形成的粗分散体系。分散体系中的固体颗粒可以在多孔介质的喉道处产生堵塞作用。油田中常用的分散体型堵水剂是黏土悬浮体型堵水剂。黏土悬浮体中的黏土颗粒可用聚合物（如 HPAM）絮凝产生颗粒更大、堵塞作用更好的絮凝体堵水剂。絮凝是聚合物（HPAM）在黏土颗粒间通过桥接吸附形成。

三、实验仪器及材料

1. 实验仪器

100mL 烧杯；100mL 具塞刻度试管；5mL、10mL、50mL 量筒；玻璃棒；广泛 pH 试纸。

2. 实验材料

水玻璃；氯化钙；聚丙烯酰胺；氧氯化锆；盐酸；黏土。

四、实验内容及步骤

1. 水玻璃—氯化钙沉淀型堵水剂的制备与性质

取一支 100mL 的具塞刻度试管，加入 10% 的水玻璃 10.0mL，然后用滴管逐滴加入 10% 的氯化钙溶液 2.5mL，摇匀，观察硅酸钙沉淀的生成情况，静置 5min 记录生成沉淀的体积（mL）。

继续再逐滴加入 10% 的氯化钙溶液 2.5mL、5.0mL；摇匀，观察硅酸钙沉淀的生成情况，静置 5min 记录生成沉淀的体积（mL）。

2. 硅酸凝胶堵水剂的制备与性质

取三支 10mL 具塞刻度试管，加入 10% 的水玻璃 5.0mL，用滴管向三支试管中依次加入质量分数为 10% 的盐酸 10 滴、15 滴、20 滴并摇匀；倾斜试管，观察并记录凝胶失去流动性的时间（即胶凝时间），待三支试管中全部胶凝后用玻璃棒插入凝胶，从玻璃棒插入的难易排出三种凝胶强度的顺序。

3. 锆冻胶堵水剂的制备与性质

取 3 个 100mL 烧杯，用量筒各加入 0.5% 的聚丙烯酰胺水溶液 25.0mL，其中一个烧杯中滴加 6 滴质量分数为 1.0% 的盐酸，另一烧杯中滴加 4 滴 1%NaOH，搅拌均匀，用广泛 pH 试纸测定三个烧杯中聚丙烯酰胺溶液的 pH 值，然后向三份聚丙烯酰胺溶液中分别缓慢加入 2.0mL 质量分数为 0.5% 的 $ZrOCl_2$ 溶液，边用玻璃棒搅拌，倾斜试管，观察现象，并记录高分子溶液失去流动性的时间（即成胶时间）；用玻璃棒挑起冻胶，用挑起程度衡量冻胶的强度，记录冻胶的强度，用强、中等、弱的方式粗略表示。

第五章　化学堵水与调剖工作液

4. 黏土—HPAM 絮凝体堵水剂的制备与性质

取三支 10mL 具塞刻度试管，分别加入 1% 的黏土（钠土基膨润土）悬浮体 5.0mL，然后分别 0.1% 的聚丙烯酰胺溶液 1.0mL、2.0mL、5.0mL，摇匀，观察絮凝现象，记录絮凝物的体积。

五、实验记录及数据处理

（1）实验结果记录入表 5-1-1。

表 5-1-1 堵水剂的制备与性质实验数据记录表

堵剂类型	水玻璃—氯化钙沉淀型堵剂		硅酸凝胶堵剂			锆冻胶堵剂			黏土—HPAM 絮凝体堵剂	
	10%CaCl$_2$ mL	沉淀体积 mL	10%HCl 滴	成胶时间 min	成胶强度	pH 值	成胶时间 min	成胶强度	0.1%HPAM mL	絮凝物体积 mL
实验数据与现象										

（2）分析各种物质加量对堵水剂性能的影响规律。

六、安全提示及注意事项

（1）充分了解使用仪器、药品、试剂的安全、环境、健康方面的性质和要求，按实验室安全要求做好个人健康、安全防护。

（2）实验涉及强酸、强碱物质，按安全要求做好防护。

（3）实验中的"三废"物质分类收集，集中处理。

七、思考题

（1）沉淀量与堵水效果有何关系？
（2）胶凝时间在堵水剂应用中有何意义？
（3）本实验中制备的硅酸凝胶是碱性硅酸凝胶还是酸性硅酸凝胶？
（4）pH 值对锆冻胶生成有哪些影响？

实验二

堵水剂效果评价

（综合型实验 4 学时）

一、实验目的

（1）掌握堵水剂堵水效果的评价方法和岩心流动装置的操作方法；

(2) 理解堵水剂的作用原理；

(3) 了解堵水剂堵水效果评价参数的工程应用意义。

二、实验原理

堵剂岩心流动实验是评价堵剂性能和堵水效果的重要手段。通过岩心流动实验可以测定出岩心的渗透率、堵剂的注入压力、堵剂的突破压力、堵剂的堵水率、堵剂的堵油率等参数，为堵水工艺的设计和现场施工提供必要的参考。

岩心渗透率是根据达西定律进行测定，如公式(5-2-1)。实验装置及原理如图5-2-1所示。

$$K = \frac{Q\mu L}{A\Delta p} \times 10^{-1} \tag{5-2-1}$$

式中 K——岩心的渗透率，μm^2；

Q——在一定压差下，流体流过岩心的流量，mL/s；

μ——流体的黏度，mPa·s，可以用黏度计测定；

L——岩心长度，cm；

A——岩心截面积，cm^2；

Δp——岩心两端的压差，MPa，可以通过压力表显示测定。

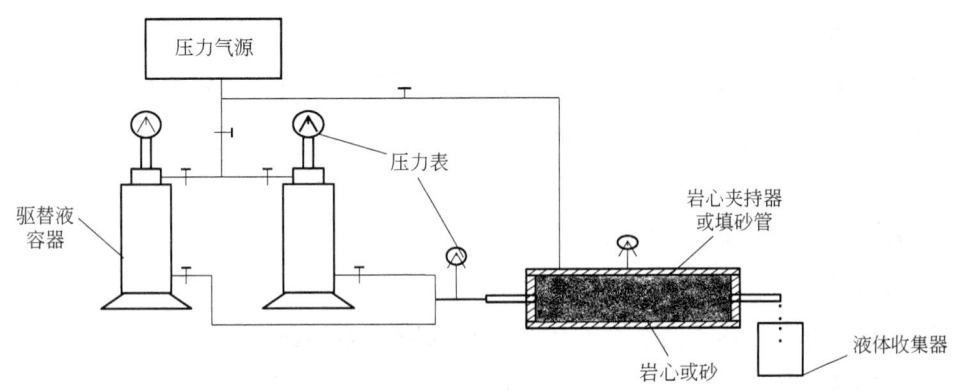

图 5-2-1 岩心流动装置示意图

堵水率（η_w）是注入堵剂后地层水相渗透率下降值与注入堵剂前地层水相渗透率的比值。注入堵剂前、后的渗透率可以用岩心流动装置测定。

$$\eta_w = \frac{K_w - K'_w}{K_w} \times 100\% \tag{5-2-2}$$

式中 K_w——堵前水相渗透率，μm^2；

K'_w——堵后水相渗透率，μm^2。

堵油率（η_o）是注入堵剂后地层油相渗透率下降值与注入堵剂前地层油相渗透率的比值。注入堵剂前、后的渗透率可以用岩心流动装置测定。

$$\eta_o = \frac{K_o - K'_o}{K_o} \times 100\% \tag{5-2-3}$$

式中 K_o——堵前油相渗透率，μm^2；

K'_o——堵后油相渗透率，μm^2。

三、实验仪器及材料

1. 实验仪器

常用玻璃器皿；Brookfield 黏度计；岩心流动装置。

2. 实验材料

部分水解聚丙烯酰胺 HPAM（水解度 25%~30%）；氧氯化锆（$ZrOCl_2$）或乙酰丙酮锆；盐酸；去离子水；高压氮气。

四、实验内容与步骤

1. 岩心制备

将石英砂人造岩心制成直径为 2.5cm，长为 7cm。也可以用 200 目的石英砂填装成直径为 2.5cm，长为 30cm 的填砂管代替人造岩心。

2. 配制 1.0%HPAM 的溶液

低速搅拌下将 10.00g HPAM 固体加入 1000mL 去离子水的烧杯中，充分溶解 24h 备用。

3. 堵水剂的制备

取 1%HPAM 溶液 300.0mL；用 5.0%的盐酸溶液调节体系的 pH=5.0；加 $ZrOCl_2$ 溶液 2.4mL，充分搅拌均匀；充分交联 30min。

4. 成胶时间测定

以堵水剂失去流动的时间为体系的交联时间。

5. 凝胶强度的测定

用 Brookfield 黏度计选择合适的转子和转速测定堵水剂的黏度。

6. 岩心渗透率的测定

（1）用游标卡尺测定岩心的直径和长度（准确致 0.01cm）；将岩心烘干称重 m_1(g)，抽真空饱后用地层水饱和，测其湿重 m_2(g)，计算孔隙体积（PV），将岩心装入可调岩心夹持器中。

（2）在一定压力下向岩心注入地层水，测定水流过岩心时的岩心两端的压力，求其堵前水相渗透率 K_w。

（3）再以一定压力向岩心注本实验制备的堵水剂，挤注 2 倍孔隙体积（PV）的堵剂后，在流速恒定后记录岩心两端的压差。

（4）按需要的温度和时间待凝，胶凝后，用水驱替，逐步提高水驱压力，当第一滴堵剂流出时记录其驱替压力，记录其突破压力（以 MPa/m 计）。

（5）堵剂突破后，将驱替速度控制在一定的流速下，继续注入 2 倍孔隙体积（PV）的水，测水相渗透率 K'_w。

（6）以油代替水，重复上述实验步骤，测定堵剂对油层的影响。

五、实验记录及数据处理

（1）实验数据记录入表 5-2-1。

表 5-2-1 岩心流动实验数据记录表

岩心参数	长度 L ___ cm	直径 φ ___ cm	干岩心质量 m_1 ___ g	水饱和岩心质量 m_2 ___ g
堵剂配方				
堵剂成胶时间 ___ min			堵剂成胶强度 ___ mPa·s	
注水参数	驱替压力 p，MPa		注入流量 Q，mL/s	
注堵剂参数				
水驱参数				
注油参数				
注堵剂参数				
油驱参数				

（2）数据处理。

① 孔隙体积的计算（PV）：

$$PV = \frac{m_2 - m_1}{\rho} \tag{5-2-4}$$

式中　PV——孔隙体积，mL；

　　　m_1——岩心干重，g；

　　　m_2——岩心湿重，g；

　　　ρ——流体密度，g/cm³。

② 渗透率计算：按式(5-2-1)计算渗透率，其中，流体通过岩心两端的压差 Δp，MPa，由注入压力减去大气压而得。

③ 按式(5-2-2) 计算堵水率（η_w）。

④ 按式(5-2-3) 计算堵油率（η_o）。

六、安全提示及注意事项

（1）充分了解使用仪器、药品、试剂的安全、环境、健康方面的性质和要求，按实验室安全要求做好个人健康、安全防护。

（2）实验中涉及高压操作和高压仪器，操作者应对所使用的设备有足够的熟练、正确操作能力，否则应在教师指导下完成，严禁违章操作。

（3）实验中的"三废"物质分类收集，集中处理。

七、思考题

（1）实验中测定孔隙率有何意义？

（2）为什么要注入 2 倍孔隙体积的堵剂？

(3) 测定突破压力有何意义？它代表了堵剂的什么性能？
(4) 堵剂突破后，为什么还要继续注水来测定水相渗透率？
(5) 实验中所测定的参数在堵剂的应用中有何意义？

实验三

堵水、调剖体系的设计与性能评价

（设计型实验 16~20学时）

一、实验目的

(1) 掌握油气田堵水、调剖体系设计与优化的基本程序和方法；
(2) 理解油气田堵水、调剖体系各种性能指标的工程意义及各种油气田化学处理剂的作用原理；
(3) 巩固油气田堵水、调剖体系性能实验基本方法和专业仪器使用方法；
(4) 培养学生的工程设计能力。

二、设计概述

堵水、调剖最基本的原理是通过堵塞高渗透地层，有效地改善注入水波及体积，调整油藏开采结构，提高油气产量。主要方法是利用固体颗粒的物理堵塞作用、凝胶或冻胶的吸附性、黏度效应、黏弹性效应等作用达到堵塞高渗透地层空隙的目的。

堵水体系和调剖体系设计需要主要考虑的工程参数有封堵效率、成胶时间、抗温性抗盐性、抗剪切性、稳定性等，这些性能可以通过选择不同堵剂类型、交联剂种类、除氧剂及调整堵剂分子结构和功能基团比例来满足。堵水体系和调剖体系的设计主要包括如下内容：

体系设计：根据施工地层条件，如油层含油情况、地层渗透率、温度、压力、地层水矿化度等选择合适的油气田化学处理剂组成堵水体系和调剖体系的基本配方。

体系优化：通过实验对体系性能进行评价和优化。包括改变堵剂类型、交联剂种类、添加剂比例、调整堵剂分子结构等。

施工工艺设计：根据设计和优化实验结果，设计施工工艺及施工参数。包括注入总量、注入速度、注入压力、候凝时间等。

三、设计内容与要求

1. 设计项目（任选一）

(1) 部分水解聚丙烯酰胺（HPAM）凝胶选择性堵水体系设计。适应温度：90℃；成胶时间≥4h；堵水率≥90%；堵油率≤10%；突破压力梯度（凝胶强度）≥0.1MPa/m；抗盐性：矿化度≥10^5mg/L；稳定性：30天不脱水。

(2) 黏土—部分水解聚丙烯酰胺（HPAM）调剖体系设计。适应温度：90℃；成胶时间≥4h；堵水率≥90%；突破压力梯度（凝胶强度）≥0.2MPa/m；抗盐性：矿化度≥10^5mg/L；稳定性：30天不脱水。

（3）体膨型颗粒调剖体系设计。适应温度：90℃；膨胀倍数≥20；到达最大膨胀倍数时间≥4h；堵水率≥90%；突破压力梯度（凝胶强度）≥0.2MPa/m；抗盐性：矿化度≥10^5mg/L；稳定性：30天不脱水。

2. 设计要求

（1）根据所选项目要求，通过文献调研、分析，设计出体系的初步配方，说明每一种处理剂（或材料）的选择依据及作用或功能。

（2）按设计方案进行性能初步评价和调配、优化。

（3）根据实验结果设计出：注入速度、注入压力、候凝时间等，以封堵半径为1~3m，计算各种物质用量。

（4）分析体系性能的优缺点、环境性、经济性。

（5）撰写设计报告。

四、实验仪器及材料

1. 实验仪器

电子秤（精度0.01g）；填砂管；恒流泵；凝胶强度测定仪；恒温箱；六速旋转黏度计。

2. 实验材料

黏土；部分水解聚丙烯酰胺HPAM（分子量8×10^6~15×10^6，水解度25%~30%）；必要的交联剂；NaCl、$CaCl_2$、Na_2SO_4，化学纯；体膨型堵水剂；其他必要材料。

五、实验记录及数据处理

（1）设计实验记录所需的表格。

（2）按要求表示出实验的最终指标及相应配方。

六、安全提示及注意事项

（1）充分了解使用仪器、药品、试剂的安全、环境、健康方面的性质和要求，按实验室安全要求做好个人健康、安全防护。

（2）实验中涉及高温操作、高压操作和高压仪器，操作者应对所使用的设备有足够的熟练、正确操作能力，否则应在教师指导下完成，严禁违章操作。

（3）实验中的"三废"物质分类收集，集中处理。

七、思考题

（1）分析实验中所使用材料的作用及机理。

（2）提高堵剂的抗温性有哪些方法？

（3）调剖体系中刚性颗粒大小与地层空隙大小有何关系？

实验四

聚丙烯酰胺高温堵水剂的延缓交联技术研究

（研究型　16~20 学时）

一、实验目的

（1）掌握油气田化学工作液体系研发的完整过程和方法；
（2）理解油气田化学处理剂的分子结构、性质与其工程作用、作用原理之间的逻辑关系；
（3）拓展相关理论知识、巩固实验技能、了解行业发展前沿；
（4）培养学生根据工程实际需求，提出、分析、解决复杂工程问题的能力。

二、研究目标

（1）以部分水解聚丙烯酰胺为堵剂、以络合铝为延缓交联剂，研发一种高温堵水、调剖体系；
（2）适应地层温度 120℃；
（3）成胶时间大于 2h；
（4）堵水率大于 90%；
（5）堵油率小于 10%。

三、参考研究路线

凝胶型堵水剂常用高价金属离子交联剂阴离子聚合物来制备。它是利用一些高聚物中的阴离子和有孤对电子的亲核原子，与高价金属离子通过正负电荷的作用和亲核原子孤对电子的配位作用在高分子之间形成稳定的、有一定强度的交联凝胶体，从而对产水地层进行封堵。部分水解聚丙烯酰胺-铝、锆等交联体系具有耐高温的特点，可用于 100℃ 以上油层堵水。其交联原理如图 5-4-1 所示。

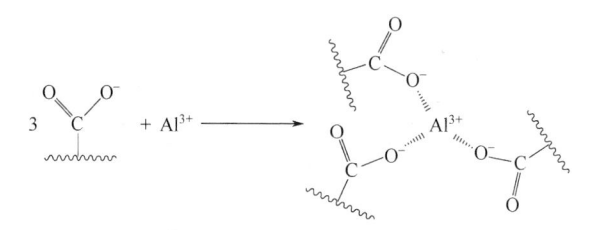

图 5-4-1　Al^{3+} 交联部分水解聚丙烯酰胺原理示意图

应用堵水剂时，由于井深、地层温度、施工条件等因素不同，需要堵水剂的成胶时间不同。为了避免堵剂在地面配制或油管内流动过程中大量交联，造成施工困难或施工失败，往往需要调整成胶时间，延缓交联技术就是调整成胶时间的方法之一。它是利用物理或化学的因素改变成胶速度来控制成胶时间。物理方法有用隔离液隔开高分子聚合物和交联剂，利用包裹、包埋的方法缓释交联剂等；化学方法有改变高分子聚合物和交联剂的浓度；调整体系的pH 值；改变体系的矿化度；加入延缓剂等。

凝胶的成胶时间和成胶强度是评价凝胶型堵水剂的重要指标。常用的评价方法是测定堵水剂成胶过程中体系的黏度变化来确定成胶时间；测定体系最终交联后的黏度来确定凝胶的强度。

四、实验仪器及材料

1. 实验仪器

250mL 磨口广口瓶；烘箱；旋转黏度计；恒温水浴箱；烧杯。

2. 实验材料

部分水解聚丙烯酰胺 HPAM（分子量为 8×10^6，水解度为 25%~30%）；柠檬酸；三乙醇胺；甲醛；尿素；Na_2CO_3；$CaCl_2$；NaCl；NaOH；HCl；去离子水。

五、实验内容

1. 研究内容

（1）文献收集与分析：收集高温堵剂及延缓交联剂的相关文献，分析各类堵剂及交联剂优缺点和发展趋势，进行文献综述。

（2）实验方案设计：设计高温堵水体系配方；设计评价实验方案；设计实验记录表。

（3）堵水体系性能研究与优化：制备一种铝交联剂；研究堵水剂浓度、交联剂加量、体系 pH、体系盐浓度对其性能的影响；优化出最佳堵水体系配方；通过现代分析测试手段初步探索延缓交联的机理。

（4）研究结果分析：分析各种组分的作用；分析因素对堵水体系的性能的影响规律；根据实验结果结合所学专业知识提出改进的初步意见或设想。

（5）撰写研究报告，进行答辩和交流。

2. 参考实验方法

（1）铝交联剂的制备：称取 19.2g 柠檬酸和 48.0g $AlCl_3 \cdot 6H_2O$ 放入 250mL 烧杯中，加入 100g 水，在 50℃水浴中搅拌 20min，待全部固体溶解；缓慢向烧杯中加入 35.0g 三乙醇胺，反应 10min；用 50%氢氧化钠溶液调节 pH=7，继续反应 1h，得淡黄色透明液体，即三乙醇胺铝交联剂。

（2）矿化水的配制：称取一定量的 $CaCl_2$、NaCl 溶于去离子水中，配制成 $[Ca^{2+}]$ = 172mg/L 和 $[Na^+]$ = 1732mg/L 的矿化水，用滤纸过滤二次，备用。

（3）凝胶的制备与成胶时间的测定方法：量取 0.30% HPAM 溶液 100mL，加入一定量的铝交联剂，混合均匀后倒入磨口瓶中，然后放入温度为 80℃的水浴箱中恒温，记录时间分别在 30min、1.0h、1.5h、2.0h、2.5h、3.0h，用旋转黏度计测定其黏度。

（4）交联剂浓度对胶凝时间影响：分别量取 0.30% HPAM 溶液 100mL，加入不同量的铝交联剂，混合均匀后倒入磨口瓶中，放入温度为 80℃的水浴箱中恒温一定时间，测定不同时间的黏度。

（5）pH 值对胶凝时间影响：分别量取 100mL 1% HPAM 于三个烧杯中，用 Na_2CO_3、HCl，调节 pH 值分别为 10、8、3；分别加入 0.30g 铝交联剂，放入温度为 80℃的水浴箱中恒温，测定不同时间的黏度。

（6）矿化度对胶凝时间影响：用去离子水、自来水、矿化水配制三种相同浓度的 HPAM 溶液；取 100mL 溶液倒入三个烧杯中，分别加入 0.30g 铝交联剂，混匀后倒入三个磨口瓶中；放入温度为 80℃的水浴箱中恒温，测定不同时间的黏度。

（7）温度对成胶时间的影响：取 0.30% HPAM 溶液 100mL，加入 0.30g 铝交联剂，混合均匀后倒入磨口瓶中，分别在 80~120℃条件下成胶，测定不同时间的黏度。

六、安全提示及注意事项

（1）充分了解使用仪器、药品、试剂的安全、环境、健康方面的性质和要求，按实验室安全要求做好个人健康、安全防护。

（2）实验中涉及高温操作和转动仪器，操作者应对所使用的设备有足够的熟练、正确操作能力，否则应在教师指导下完成，严禁违章操作。

（3）实验中的"三废"物质分类收集，集中处理。

七、思考题

（1）什么是延缓交联技术？哪些方法可以实现延缓交联？

（2）用铝交联部分水解聚丙烯酰胺聚合物溶液的机理是什么？写出其中的化学反应式。

（3）聚合物溶液浓度、交联剂浓度、pH 值、矿化度、温度等如何影响堵剂的胶凝时间和堵剂的强度等性质？

第六章 化学驱油

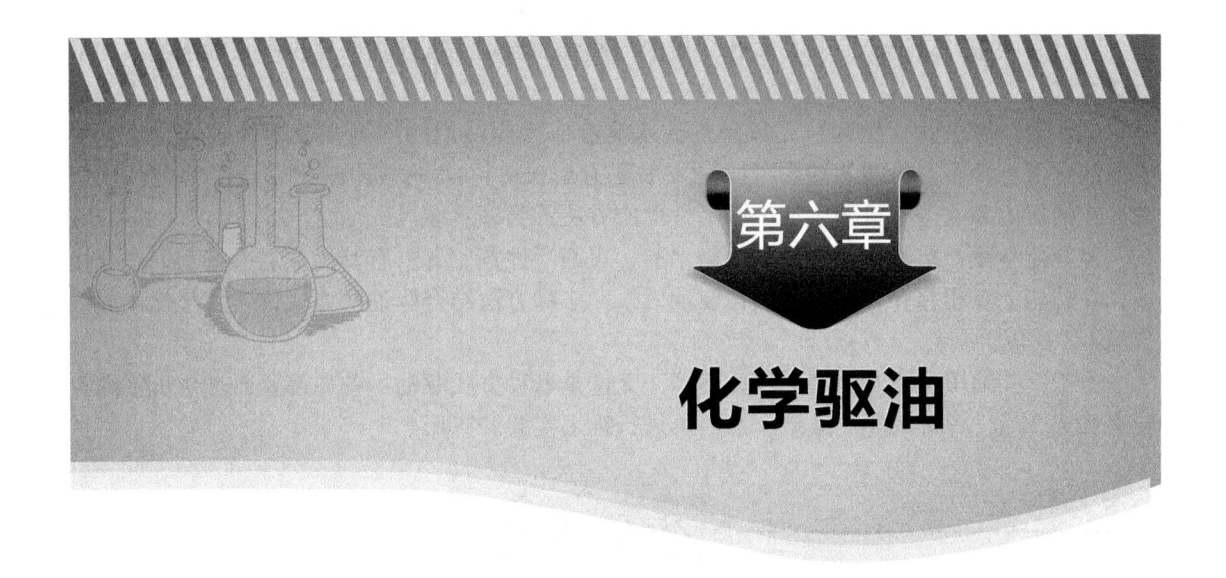

石油是关系到国民经济、社会发展和国防安全的战略性资源，石油的采收率关系到这一非可再生资源是否能被充分利用。尽管世界各国的油藏工程师一直致力于最大限度地提高油藏的最终采收率，但世界范围内石油采收率约为10%~60%，即有大部分石油没有被开采出来。油田开发一般经历的阶段有：

一次采油（primary recovery）：指利用油藏天然能量而进行的采油，也称"自喷"采油。当天然能量耗尽时，油层中的油便失去流动能力，这时的采收率一般在20%左右。

二次采油（secondary recovery）：指一次采油后，向油层注水（或气）提高油层压力而进行的采油。随着注水时间的延长，油井含水不断升高，当油井产水率达到95%~98%时，继续注水是不经济的，这时将被迫停止注水，这时的采收率一般在40%左右。

三次采油（tertiary recovery）：针对二次采油未能采出的残余油和剩余油，采用向油层注入化学物质或引入其他能量或微生物开采原油的方法称为三次采油，三次采油可使采收率达到50%以上。

一些注水开发油藏，在注水中期便开始改注其他化学药剂，因此，人们一般采用提高采收率或强化采油（enhance oil recovery，EOR）这一专有名词。EOR是指除天然能量采油以外的任何采油方法。

由于迅速发展的国民经济对石油能源的需求不断增长，提高已开发油田的采收率在未来一段时间内仍是油田生产发展的重要方向。通过多年的研究和实践，我国形成了以化学驱为主EOR系列配套技术，包括聚合物驱、碱驱、表面活性剂驱和复合驱。

聚合物驱：聚合物驱指通过在注入水中加入水溶性聚合物，增加水相黏度、降低水相渗透率、改善流度比的提高原油采收率的驱油方法。聚合物驱以提高波及系数为主，因此它更加适用于非均质的中质或较重质的油藏。目前，提高石油采收率常用的水溶性聚合物主要有两大类：部分水解聚丙烯酰胺和多糖，其中部分水解聚丙烯酰胺使用较广。

表面活性剂驱：表面活性剂驱是利用表面活性剂溶液的低界面张力、增溶性、乳化、润湿反转等作用来提高采收率的驱油方法。由于聚合物驱通常不能降低残余油饱和度，所以聚合物驱后的残余油饱和度仍较高。表面活性剂驱以提高洗油效率为主，因此它更加适用于残余油饱和度较高的油藏。在注水开发的末期，残余油是以静止的球状分布在油藏岩石的孔隙中。降低界面张力是迫使滞留在多孔介质中的残余油流动、从而大幅度提高石油采收率的最有效方法。

碱水驱：碱水驱（碱区）是以碱剂的水溶液作为驱油剂的提高采收率的驱油方法。对于原油中含有较多有机酸的油层可以注入浓度为 0.05%~4% 的 $NaOH$、Na_2CO_3 等碱性水溶液，在油层内和这些有机酸生成表面活性剂的方法称为碱水驱。

复合化学驱：单一的聚合物驱、碱水驱、表面活性剂驱各自有其优缺点，将它们联合使用，在功能上互相弥补，以达到最佳驱油效果，多种方法结合驱油的方式称为复合化学驱油（简称"复合驱"）。

由于不同油田、不同油层的性质不同，无论是哪种方式驱油，首先都要通过初步室内实验来优选产品、评价其驱油效果，然后再进行现场实验和应用。

实验一

聚丙烯酰胺溶液浓度测定

（基础型实验　2 学时）

一、实验目的

（1）掌握碘—淀粉法测定聚丙烯酰胺溶液浓度的方法；
（2）理解碘—淀粉法分析酰胺基的原理；
（3）了解采油方法的发展趋势与前沿。

二、实验原理

在注入流体中加入一定量的水溶性聚合物以显著增加驱替流体的黏度，提高波及系数，最终达到提高采收率的目的。部分水解聚丙烯酰胺（HPAM）是三次采油中最为常用的水溶性聚合物。不论是聚合物驱油体系的设计还是采出液的处理中，都需要准确知道 HPAM 的浓度。

碘-淀粉法是含酰胺基的聚合物浓度分析的简便实用、灵敏准确的方法。它是利用 Hofmann 重排的第一步反应，在 pH=4.0 左右条件下，溴与聚丙烯酰胺的酰胺基团发生定量反应生成 N-溴化酰胺，多余的溴用还原剂甲酸除去；N-溴化酰胺可水解生成 HBrO，反应是一个可逆平衡反应；用 I^- 定量还原 HBrO，I^- 转化成 I_2，并使水解平衡向正向移动，直至酰胺基上的取代溴完全水解。生成的 I_2 和 I^- 可结合为络合离子 I_3^-，并与淀粉生成淀粉-三碘化物（呈蓝色），然后用分光光度计测定其吸光度以确定生成 I_2 的量，从而确定聚丙烯酰胺浓度。主要反应式如下：

$$\mathrm{-C(=O)NH_2} + Br_2 \longrightarrow \mathrm{-C(=O)N(H)Br} + HBr$$

$$\text{C-N} \begin{smallmatrix} O & H \\ | & | \\ & \\ Br & \end{smallmatrix} + H_2O \rightleftharpoons \text{-C} \begin{smallmatrix} O \\ \| \\ NH_2 \end{smallmatrix} + HBrO$$

$$HBrO + 2I^- + H^+ \longrightarrow I_2 + Br^- + H_2O$$

$$I_2 + I^- + 淀粉 \longrightarrow I_3^- + 淀粉（蓝色）$$

$$Br_2 + HCOO^- \longrightarrow 2Br^- + 2H^+ + CO_2 \uparrow$$

三、实验仪器及材料

1. 实验仪器

721分光光度计或同类型的分光光度计；容量瓶；移液管。

2. 实验材料

部分水解聚丙烯酰胺HPAM，工业品；可溶性淀粉，化学纯；溴、碘化镉、甲酸钠，分析纯；蒸馏水。

四、实验内容和步骤

1. 试剂及配制

（1）淀粉—碘化镉试剂的配制：将11.0g碘化镉溶于400mL水中，加热煮沸10min，稀释至800mL。加入2.5g可溶性淀粉、搅拌、煮沸5min，溶解后用三层慢速滤纸在布氏漏斗中过滤（水压抽滤），最后稀释至1000mL。

（2）缓冲溶液的配制：称取25.0g三水合乙酸钠溶解在800mL蒸馏水中，加入0.50g的水合硫酸铝，再用醋酸调节pH值至4.0，最后稀释到1000mL备用。

（3）饱和溴水的配制：用移液管移取50.0mL溴至装有100mL蒸馏水的棕色瓶中，在2h内不断摇动棕色瓶，并微开瓶塞放出蒸气。

（4）甲酸钠还原液的配制：称取11.0g甲酸钠，用蒸馏水稀释至500mL。

2. 工作曲线的绘制

（1）打开721分光光度计的电源开关预热20min。

（2）用波长选择旋钮将单色光波长选为580mm，打开比色器盖，将空白液（可用蒸馏水）放入比色器皿。调"0"位细调到电表"0"刻线。将仪器比色器盖合上，使光电管受光，然后调节仪器面板上光量粗调和细调电位器到电表满刻度100%。此过程反复几次调整"0"位及满度。

（3）分别取pH=4.0的乙酸—乙酸钠缓冲溶液5.0mL至六个50mL容量瓶中。

（4）分别取浓度为10.0mg/L的聚丙烯酰胺标准溶液5.0mL、10.0mL、15.0mL、20.0mL、25.0mL、30.0mL于50mL容量瓶中，用蒸馏水稀释至35mL左右，混合均匀后加入1mL饱和溴水，反应15min后加入3.0mL甲酸钠还原溶液，准确反应4min，立即加入5.0mL淀粉—碘化镉试剂。用蒸馏水稀释至刻度后反应20min，用分光光度计测定溶液在不同浓度下的吸光度值，用吸光度值对聚丙烯酰胺标准浓度作出工作曲线。

3. 未知聚丙烯酰胺溶液浓度的测定

在50mL容量瓶中加入一定量的未知质量浓度样品（聚合物浓度应控制在50~300μg/50mL

范围，否则要进行适当稀释)，按 2.（3）、2.（4）步骤和方法测定其吸光度值。根据标准曲线利用插值法求出未知样品的聚丙烯酰胺浓度，并取三次实验的平均值作为测定结果。

五、实验记录及数据处理

(1) 实验数据记录入表 6-1-1。

表 6-1-1　丙烯酰胺浓度和吸光度数据记录表

样品编号	1	2	3	4	5	6	未知样品
样品浓度，mg/L							
吸光值							

(2) 利用 Excel 或 Origin 软件绘制标准聚合物溶液浓度（C）—吸光度（A）关系曲线。

(3) 由未知样实测吸光值和标准曲线求出聚丙烯酰胺溶液的浓度，取其平均值作为测定结果；通过稀释倍数计算聚丙烯酰胺溶液的原始浓度。

六、安全提示和注意事项

(1) 充分了解使用药品、试剂的安全、环境、健康方面的性质和要求，按实验室安全要求做好个人健康、安全防护。

(2) 实验环境温度以 16~26℃ 为宜；在使用比色皿时，手指接触比色皿的毛面，不能接触光面，否则影响实验精度；每次测试前需用蒸馏水清洗比色皿，并用滤纸擦拭干净。

(3) 实验中的"三废"物质分类收集，集中处理。

七、思考题

(1) 当溶液中存在其他离子时，是否需对其干扰浓度范围进行确定？
(2) 配制聚合物溶液标准样的浓度是大好还是小好？为什么？
(3) 哪些因素会影响实验的准确性？

实验二

驱替液筛网系数的测定

（基础型实验　3 学时）

一、实验目的

(1) 掌握筛网系数的测定方法；
(2) 理解筛网系数的物理意义及工程应用意义；
(3) 了解聚合物溶液浓度、盐浓度对筛网系数的影响规律。

二、实验原理

在注水井注入流体中加入一定量的水溶性聚合物以显著增加驱替流体的流动阻力,降低流度比以提高波及系数,最终达到提高采收率的目的。部分水解聚丙烯酰胺(HPAM)是三采中最为常用的水溶性聚合物。对于驱油用聚合物性能评价是聚合物筛选中非常关键的环节,甚至关系到提高采收率工程的成败。聚合物性能评价的内容包括聚合物溶液的流动特性、聚合物溶液稳定性评价、聚合物溶液与地层岩石相互作用以及地层条件对聚合物性能的影响等方面。

黏弹性(即溶液既具有黏性又具有弹性)是高分子溶液具有的特殊性质。聚合物溶液流经多孔介质时,除了受到简单剪切作用外,由于聚合物分子在流场中受到拉伸或自身形变,将会表现出现黏弹性,因此,除简单剪切中测得的黏度(黏性)可以增加流体的流动阻力外,黏弹性还可产生附加的流动阻力。通过对聚合物溶液在多孔介质中流动时阻力特性的测定就可反映溶液在复杂流动中的黏弹性。筛网黏度可以测定这种流动特性,其结果通常用筛网系数或孔隙系数表示。

筛网系数是指在相同条件下聚合物溶液流经孔隙黏度计的时间与溶剂流经时间的比值,即:

$$SF = \frac{t_p}{t_s} \tag{6-2-1}$$

式中 SF——筛网系数;
 t_p——聚合物溶液流经黏度计的时间,s;
 t_s——溶剂流经黏度计的时间,s。

筛网系数测定的不是剪切黏度,它反应高分子流体在较高速率下流经多孔介质时,除了简单剪切外,由于受到拉伸或自身形变而产生黏弹性。这种黏弹性的响应对高分子结构特征如分子量及分子量分布、支化与交联、聚合物浓度、水质及添加剂的影响十分敏感。其测定仪器如图6-2-1所示。

三、实验仪器及材料

1. 实验仪器

烧杯;50mL、500mL的容量瓶;移液管;筛网黏度计;电子天平(0.0001g);搅拌器;温度计(0.1℃);恒温水浴装置;注射器;秒表;电吹风。

2. 实验材料

部分水解聚丙烯酰胺(HPAM);蒸馏水;氯化钠,氯化钙,异丙醇,无水乙醇(或丙酮),均为化学纯;洗液,漂白粉。

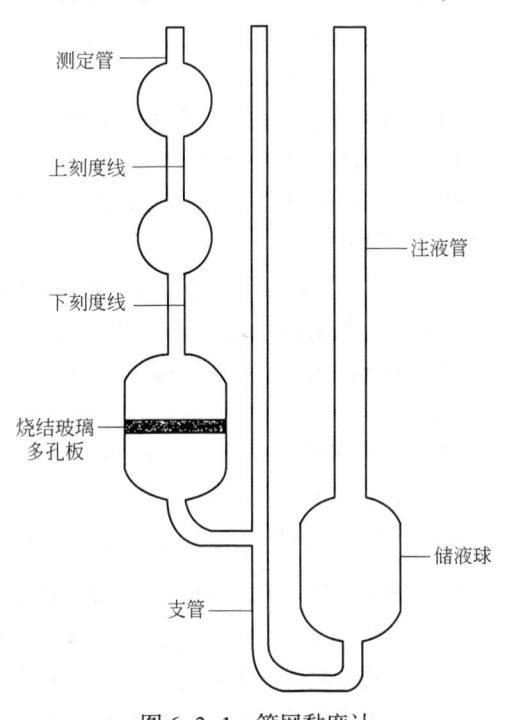

图6-2-1 筛网黏度计

四、实验内容及步骤实验部分

1. HPAM 淡水溶液的配制

称取一定量经干燥至恒重后的粉状聚合物,在缓慢搅拌下添加聚合物于一定量蒸馏水的烧杯溶液面上,充分溶解,转移至容量瓶中定容,配成 600mg/L 的聚合物淡水溶液。用 G_2 或 G_3 玻砂漏斗过滤聚合物溶液,以免堵塞黏度计。通常可加入 2%异丙醇以稳定黏度,并最好使用棕色瓶贮存备用。

2. 盐水的配制

按本实验要求的盐水浓度和配制量,计算并称取 NaCl 和 $CaCl_2$,用蒸馏水溶解于烧杯中,转移至容量瓶中定容,配制成所需浓度的盐水。

3. HPAM 盐水溶液的配制

称取一定量经干燥至恒重后的粉状聚合物,在缓慢搅拌下添加聚合物于一定量盐水的烧杯溶液面上,充分溶解,转移至容量瓶中定容,配成 600mg/L 的聚合物盐水溶液。用 G_2 或 G_3 玻砂漏斗过滤聚合物溶液,以免堵塞黏度计。通常可加入 2%异丙醇以稳定黏度,并最好使用棕色瓶贮存备用。

4. 聚合物溶液浓度对筛网系数的影响

(1) 将干燥的筛网黏度计固定在恒温水槽中的支架上,恒温水浴温度升到 (30±0.01)℃;吸取溶剂 20.0mL 经注液管注入贮液球,恒温 15min 后,先夹住中间支管上的乳胶管,然后用注射器从左边支管上的乳胶管缓慢抽吸溶剂至上部玻璃球一半处,注意排除测定管中的气泡。释放中间支管上夹子,测定溶剂流经上、下刻度的时间,测量三次取算术平均值作为 t_s。

(2) 取下筛网黏度计,蒸馏水洗涤筛网黏度计 3 次,再用乙醇或丙酮洗涤筛网黏度计 2~3 次,用电吹风吹干。

(3) 将干燥的筛网黏度计固定在恒温水槽中的支架上,升温到 (30±0.01)℃;吸取浓度 600mg/L 的聚合物溶液 10.0mL 经注液管加入贮液球中;恒温 15min(若先将溶剂、聚合物溶液置于恒温浴中可缩短恒温时间);测定液体流经上、下刻度的时间,取三次测定结果的算术平均值作为 t_p。

(4) 往贮液球中加入蒸馏水 5.0mL,恒温 15min;夹住中间支管,在测定管中反复三次缓慢抽吸聚合物溶液经过多孔滤板到上玻璃球内,使在贮液球中溶液浓度均匀,并静置至整个溶液体系气泡消失;然后测定液体流经上、下刻度的时间,取三次测定结果的算术平均值作为 t_p。

(5) 分别再往贮液球中加入蒸馏水 5.0mL、10.0mL、10.0mL、10.0mL,重复 (4) 的操作,测定不同浓度下的 t_p。

5. 盐度对聚合物溶液筛网系数的影响

(1) 按 4.(3) 的实验方法,分别测定溶剂(不同盐浓度的溶液)时间 t_s。

(2) 往贮液球内加入含有 2% NaCl 和 0.02% $CaCl_2$ 的 600mg/L 聚合物溶液 10mL,按 4.(3) 的实验方法测定 t_p,取三次测定结果的算术平均值作为实验值。

(3) 分别往贮液球中加入含有 4% NaCl 和 0.04% $CaCl_2$、6% NaCl 和 0.06% $CaCl_2$、

8% NaCl 和 0.08% CaCl$_2$、10% NaCl 和 0.1% CaCl$_2$ 的 600mg/L 聚合物溶液 10mL，按 4.（3）的实验方法测定 t_p。

6. 黏度计的清洗

每次实验完后，从恒温浴中取出黏度计，倾出聚合物溶液，用水初步冲洗干净。将洗液倒入黏度计中，用注射器抽吸洗涤液至两测量球以上，再倒满黏度计。然后倾倒出洗涤液，用自来水冲洗干净，并用蒸馏水冲洗 2~3 次。为缩短烘干时间，可用化学纯酒精或丙酮少许清洗，并放入电热烘箱（105±5）℃下烘干即可使用。若经检查后，还未清洗干净，可用 3% 漂白粉溶液浸泡 3~4min，重新洗涤烘干。

五、实验记录及数据处理

（1）不同聚合物溶液浓度的筛网系数实验数据记录入表 6-2-1。

表 6-2-1 不同聚合物溶液浓度的筛网系数实验数据记录表

聚合物试样初始浓度_____；实验温度_____

溶剂加量，mL	流出时间，s				SF
	第一次	第二次	第三次	平均值	
0					
5					
5					
10					
10					
10					
纯溶剂					—

（2）不同盐度的聚合物溶液浓度的筛网系数实验数据记录入表 6-2-2。

表 6-2-2 不同盐度聚合物溶液的筛网系数实验数据记录表

聚合物试样浓度_____；温度_____

溶液种类	流出时间，s				SF
	第一次	第二次	第三次	平均值	
2%NaCl+0.02%CaCl$_2$					
4%NaCl+0.04%CaCl$_2$					
6%NaCl+0.06%CaCl$_2$					
8%NaCl+0.08%CaCl$_2$					
10%NaCl+0.1%CaCl$_2$					
2%NaCl+0.02%CaCl$_2$+600mg/L 聚合物					
4%NaCl+0.04%CaCl$_2$+600mg/L 聚合物					
6%NaCl+0.06%CaCl$_2$+600mg/L 聚合物					
8%NaCl+0.08%CaCl$_2$+600mg/L 聚合物					
10%NaCl+0.1%CaCl$_2$+600mg/L 聚合物					

（3）按式(6-2-1)计算筛网系数。

（4）绘出筛网系数—聚合物溶液浓度关系曲线。
（5）绘出筛网系数—聚合物溶液盐度关系曲线。
（6）根据所绘曲线分析聚合物溶液浓度和盐度对筛网系数的影响趋势和原因。

六、安全提示及注意事项

（1）充分了解使用仪器、药品、试剂的安全、环境、健康方面的性质和要求，按实验室安全要求做好个人健康、安全防护。
（2）筛网黏度计脆弱，注意玻璃破碎划伤。
（3）实验中的"三废"物质分类收集，集中处理。

七、思考题

（1）筛网黏度计与乌氏（毛细管）黏度计有什么不同？
（2）为什么可用筛网系数反应聚合物溶液在多孔介质中的黏弹性？
（3）聚合物溶液（如聚丙烯酰胺）在较高的剪切速率下剪切一定时间后，预计其筛网系数将如何变化？这种变化是由什么原因引起的？

实验三

岩石渗透率的测定

（综合型实验　3学时）

一、实验目的

（1）掌握气测渗透率的原理和方法；
（2）理解渗透率的概念和达西定律的工程应用意义；
（3）了解油气层的渗流特性。

二、实验原理

渗透率是油气藏岩石最重要的渗流特性参数之一。在压力作用下，岩石允许流体通过的性质，称为岩石的渗透性。用于衡量岩石渗透性好坏的定量指标就是岩石渗透率。仅代表岩石物理性质的渗透率称为岩石绝对渗透率；除了岩石物理性质之外，还反映流体的物理化学性质和流体在岩石中运动特征影响的渗透率称为岩石对流体的有效渗透率。除此之外，渗透率大小还同流体进入岩石的方向有关。如果流体平行于岩石层面方向线性流动，岩石的渗透率称为水平渗透率；如果流体垂直于岩石层面方向线性流动时岩石的渗透率称为垂直渗透率；如果流体是径向流入岩心时，则称为径向渗透率。

渗透率的大小表示多孔介质（岩心）传输流体能力的大小，其单位是 μm^2（或 mD）。黏度为 $1mPa \cdot s$ 的液体在 $0.1MPa$（1绝对大气压）压力作用下，通过截面积为 $1cm^2$，长度为 $1cm$ 的岩心，液体的流量为 $1cm^3/s$ 时，其渗透率为 $1\mu m^2$。测定渗透率的方法很多，可以归为两大类；一是稳态法（或称常规方法）；二是非稳态法（或称非常规方法）。常用的是稳态法，其基本原理是：让流体在压差作用下通过岩心流动，在流动稳定的情况下，测量岩心两端的压力和通过岩心的流量，然后按达西公式进行计算即得岩石渗透率。

气体或液体均可作为测定渗透率的流体。液体容易与岩石中某些成分产生相互作用，影响测定的真实性和准确性，因此常规测定方法中通常用干燥的氮气作工作介质。本实验是测气体通过岩样两端的压力 p_1、p_2 及通过岩样气体在平均压力 $\bar{p}=(p_1+p_2)/2$ 下的气体体积流量 $\bar{Q}$，直接代入达西公式便可计算出岩样的渗透率。气体渗透率仪的原理如图 6-3-1 所示。

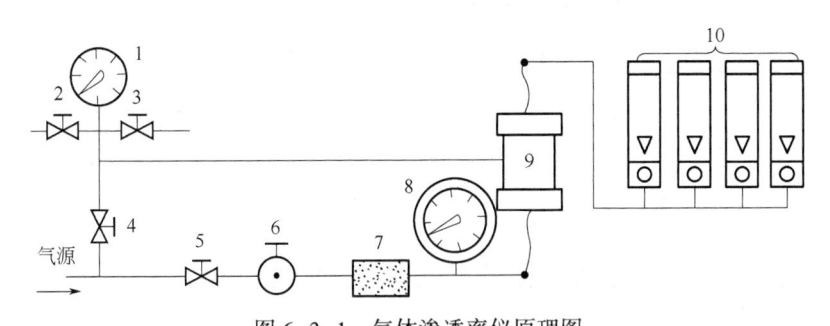

图 6-3-1 气体渗透率仪原理图

1—环压表；2—真空阀；3—放空阀；4—环压阀；5—气源阀；6—减压阀；
7—干燥器；8—上流压力表；9—岩心夹持器；10—转子流量计

三、实验仪器及材料

1. 实验仪器

气体渗透率仪；岩心夹持器；岩心（或人造岩心）；游标卡尺。

2. 实验材料

高压 N_2。

四、实验方法与步骤

（1）用游标卡尺测量岩心的长度和直径，计算出横截面积 A；烘干至恒重。

（2）检查仪器的各种高压管线连接是否正确、紧固，仪器面板上各阀门是否关闭（具体参照渗透率仪操作说明书）；

（3）拧松岩心夹持器两边固定托架的手轮，下滑托架，滑出夹持器内的加压钢柱塞；将测量过几何尺寸的岩样装入岩心夹持器的胶皮筒内，用加压钢柱塞将岩心向上顶紧，拧紧手轮；开、关一下放空阀；

（4）依次打开高压气瓶总阀、减压阀，将减压阀的输出压力调节到 1MPa，打开环压阀，使环压表显示为 1MPa，关闭环压阀；

（5）打开气源阀，调节减压阀，此时上流压力表开始显示压力，压力应由小至大调节，具体压力根据岩心不同而不同，由实验教师在实验时给定；

（6）选择其中一个转子流量计（转子流量计的选择与校正见附录 6-3-1），读出与上流压力对应的流量，要求每块岩心测量 4 次不同压差下的流量；

(7) 当岩心测试完毕后，调节减压阀，使上流压力恢复至零，关闭气源阀、打开环压阀和放空阀，使环压降至零，取出岩心。

(8) 关闭全部阀门，测试完毕。

五、实验记录及数据处理

1. 数据记录

实验数据记录入表 6-3-1 和表 6-3-2。

表 6-3-1 岩心参数记录表

岩心编号：			
岩心直径：$D=$ cm		岩心长度：$L=$ cm	
岩心的横截面积：$A=$ cm		室内温度：$T=$ ℃	
室内大气压：$p_0=$ MPa		气体黏度：$\mu=$ mPa·s	

表 6-3-2 岩心渗透率实验数据记录表

次数 项目	1	2	3	4
气体流量 Q，mL/s				
校正后流量 Q，mL/s				
入口压力 p_1，MPa				
出口压力 p_2，MPa				
渗透率 k_g，μm²				

2. 数据处理

（1）单相流体通过岩心的渗流规律，只有在压力梯度小，流速较低时才符合达西定律，压力梯度超过极限时，就不再服从达西定律，而是服从非线性渗流规律。因此，首先应做 $\overline{Q}$—$\Delta p/L$ 关系曲线，判断流体的流动是否是线性渗流。只有 $\overline{Q}$—$\Delta p/L$ 关系为通过原点的直线，测得的结果才适用。

（2）取 $\overline{Q}$—$\Delta p/L$ 直线段上的数据，按达西公式计算气体渗透率 k_g。

$$k_g = \frac{2Q_2 L \mu p_0}{A(p_1^2 - p_2^2)} \times 10^{-1} \tag{6-3-1}$$

式中　k_g——气体渗透率，μm²；

　　　Q_2——岩心出口端的气体流量，mL/s；

　　　L——岩心长度，cm；

　　　A——岩心的恒截面积，cm²；

　　　p_0——大气压（绝对），MPa；

　　　p_1——岩心入口端的绝对压力，MPa；

　　　p_2——岩心出口端的绝对压力，MPa；

　　　μ——实验温度和大气压下的气体黏度，mPa·s。

本实验使用氮气测定，大气压下不同温度氮气的黏度见附录 6-3-2。

（3）计算 $1/\bar{p}$ 值。

(4) 利用测试点得到的 k_g—$1/\bar{p}$ 曲线，并根据直线外推在纵坐标上的截距，得到岩心的克氏渗透率。

六、安全提示及注意事项

(1) 充分了解使用仪器、药品、试剂的安全、环境、健康方面的性质和要求，按实验室安全要求做好个人健康、安全防护。

(2) 实验中涉及高压操作，操作者应对所使用的设备有足够的熟练、正确操作能力，否则应在教师指导下完成，严禁违章操作。

(3) 实验中的"三废"物质分类收集，集中处理。

七、思考题

(1) 为什么要加环压？
(2) 为什么在打开气源前要打开放空阀使出口端接通大气？
(3) 为什么对气测渗透率值要进行克氏校正？
(4) 为什么要进行压力和流量校正？

附录 6-3-1　转子流量计的选择与校正

气体渗透率仪上安装有四支不同量程的微型转子流量计。在计量时应根据流量大小不同选择适当量程的流量计。在满足要求的情况下尽量选用小量程的转子流量计。

由于使用的流量计是在标准状况（0.1MPa、293K）下标定的，而实际测定时的压力、温度与标准状况有差异，加之气体的压缩性和热膨胀性较大，所以有必要对所测得的流量进行校正。其校正公式为

$$Q_0 = 0.2853 Q_0' \sqrt{\frac{1}{p_a(273+t) \times 10}} \tag{6-3-2}$$

式中　Q_0——校正后的实际流量，mL/s；

Q_0'——流量计读数，mL/min；

p_a——大气压（绝对），MPa；

t——室温，℃。

附录 6-3-2　大气压下氮气达的黏度

温度,℃	黏度, mPa·s	温度,℃	黏度, mPa·s	温度,℃	黏度, mPa·s	温度,℃	黏度, mPa·s
0	0.016500	10	0.016850	20	0.017200	30	0.017550
1	0.016535	11	0.016885	21	0.017235	31	0.017585
2	0.016570	12	0.016920	22	0.017270	32	0.017620
3	0.016605	13	0.016955	23	0.017305	33	0.017655
4	0.016640	14	0.016990	24	0.017340	34	0.017690
5	0.016675	15	0.017025	25	0.017375	35	0.017725
6	0.016710	16	0.017060	26	0.017410	36	0.017760
7	0.016745	17	0.017095	27	0.07445	37	0.017795
8	0.016780	18	0.017130	28	0.017484	38	0.017830
9	0.016815	19	0.017165	29	0.017515	39	0.017865

实验四

岩心孔隙体积及驱替液阻力系数的测定

(综合型实验 4学时)

一、实验目的

(1) 掌握岩心孔隙体积及驱替液阻力系数的测定原理和方法；
(2) 理解岩心孔隙体积及驱替液阻力系数在采油中的工程应用意义；
(3) 了解驱替液阻力系数的影响因素及规律。

二、实验原理

阻力系数的定义是水的流度与聚合物流度的比值，即：

$$RF = \frac{\lambda_w}{\lambda_p} = \frac{(K/\mu)_w}{(K/\mu)_p} \qquad (6\text{-}4\text{-}1)$$

式中 λ_w——水或盐水通过岩心的流度。

λ_p——聚合物溶液通过岩心的流度。

因此，阻力系数的测定就归结为分别测定水和聚合物溶液的流度。根据达西定律，则水和聚合物溶液流动达到稳定时的流度分别是：

$$\lambda_w = \frac{L}{A} \cdot \frac{Q_w}{\Delta p_w} \times 10^{-1} \qquad (6\text{-}4\text{-}2)$$

$$\lambda_p = \frac{L}{A} \cdot \frac{Q_p}{\Delta p_p} \times 10^{-1} \qquad (6\text{-}4\text{-}3)$$

式中 L——岩心长度，cm；

A——岩心截面积，cm^2；

Q_w、Q_p——水和聚合物溶液流动达稳定时的流量，cm^3/s；

Δp_w、Δp_p——水和聚合物溶液通过岩心流动达稳定时岩心两端的压差，MPa。

对于同一岩心模型，L、A 相同，阻力系数可以写成：

$$RF = \frac{\lambda_w}{\lambda_p} = \frac{Q_w}{Q_p} \cdot \frac{\Delta p_p}{\Delta p_w} \qquad (6\text{-}4\text{-}4)$$

三、实验仪器及材料

1. 实验设备

岩心流动装置；恒流泵；游标卡尺；岩心（或填砂模型）；常规玻璃器皿。

2. 实验材料

部分水解聚丙烯酰胺（水解度25%~30%），工业品；纯水；

四、实验内容和步骤

1. 岩心参数测定

（1）用游标卡尺测量岩心的长度 L 和直径 d，取三次测量的平均值作为计算值。

（2）岩心孔隙体积（PV）测定：取已测定长度和直径的岩心，烘干至恒重，测定其质量 m_1（准确至 0.01g）；岩心在真空度为 0.08MPa 条件下抽空 0.5h，用蒸馏水饱和，浸泡数天以使岩心完全为水所饱和，取出岩心用滤纸擦干岩心表面的水，测定其质量 m_2（准确至 0.01g）。

2. 阻力系数的测定

（1）将饱和水的岩心装入岩心夹持器；给岩心加环压到 0.7~0.8MPa，以使胶皮筒密封岩心。

（2）水的流度的测定：打开进水阀，调节压力阀至压力表显示 0.1MPa，冲洗岩心 2min。然后从 0.1MPa 起开始由高到低按 0.025MPa 的压差递减（参考选值：0.1MPa，0.075MPa，0.050MPa，0.025MPa）。测得四组不同压差和相对应的流量（Δp_w—Q_w）。注：岩心出口端通大气，表压即为岩心两端压差。

（3）聚合物溶液流度的测定：关闭进水阀，缓慢打开聚合物溶液进口阀，然后用压力调节阀将压力表读数调至 0.05MPa 或 0.10MPa（根据岩心渗透率选择合适的起始测定压差）。待聚合物溶液流量和压差达到稳定后（此过程约需 15min 以上），测第一组压差、流量值（Δp_p—Q_p）。调节压力调节阀使压差按 0.05MPa 的增量递增。每次调压后都需等压力、流量稳定后才能测量 Δp_p 和 Q_p。至少测 6 组 Δp_p—Q_p 值。

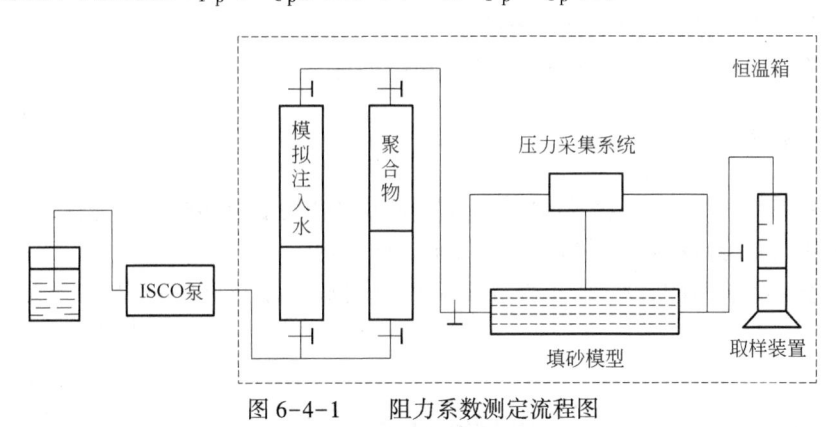

图 6-4-1　阻力系数测定流程图

五、实验记录及数据处理

1. 实验记录

实验数据记录入表 6-4-1 和表 6-4-2。

表 6-4-1　岩心参数实验数据记录表

测定参数	长度 L cm	直径 D cm	干岩心质量 W_1 g	水饱和岩心质量 W_2 g	岩心孔隙体积 PV cm^3
实验值					

表 6-4-2　水、聚合物的流度测定实验数据记录表

测定参数	不同压力下的流量											
	第一组		第二组		第三组		第四组		第五组		第六组	
	压力 MPa	流量 mL/s	压力 MPa	流量 mL/s	压力 MPa	流量 mL/s	压力 MPa	流量 mL/s	压力 MPa	流量 mL/s	压力 MPa	流量 mL/s
水												
聚合物												

2. 数据处理及结果计算

（1）按本教材第五章实验二中公式(5-2-4)计算岩心孔隙体积 PV。

（2）列表给出实验温度、聚合物溶液浓度、岩心测量数据及 Δp_w—Q_w，Δp_p—Q_p 数据。

（3）绘出 Δp_w—Q_w 的线性关系，根据此直线（取直线上点的坐标），由公式（6-4-2）计算 λ_w。

（4）由式(6-4-4)计算6个 RF 值。

（5）绘制 RF—V_p（Q_p/A）的关系曲线，并分析 RF—V_p 曲线所反映的物理过程。

六、安全提示及注意事项

（1）充分了解使用仪器、药品、试剂的安全、环境、健康方面的性质和要求，按实验室安全要求做好个人健康、安全防护。

（2）实验中涉及高压操作，操作者应对所使用的设备有足够的熟练、正确操作能力，否则应在教师指导下完成，严禁违章操作。

（3）实验中的"三废"物质分类收集，集中处理。

七、思考题

（1）阻力系数测定时，能否从高压到低压测定聚合物溶液的流度？为什么？

（2）为什么要待流动稳定后才能测量 Δp_p、Q_p 值？

（3）为缩短实验时间，将聚合物溶液流动时岩心两端的压差加得过大是否合适？为什么？

实验五

油水界面张力的测定

（综合型实验　4学时）

一、实验目的

（1）掌握旋转滴法测定界面张力的实验方法和相关专业仪器的操作方法；

（2）理解界面张力的测定原理和降低界面张力在三次采油中的工程应用意义；

（3）了解影响油水界面张力的因素。

二、实验原理

表面活性剂驱油是一种适用范围广、效率高的提高采收率方法。应用表面活性剂溶液的目的主要是降低油水界面张力。油水间界面张力与表面活性剂结构、表面活性剂溶液性质、界面电荷以及界面黏度有关,设计表面活性剂驱油体系必须考虑其种类及溶液性质,使选择的体系在用量最少的前提下尽可能多地降低油水界面张力。油水界面张力的测定是筛选表面活性剂的必要环节,旋转液滴法是一种相对简单、易于建立且有较好准确度的测量方法,能适用于低界面张力($1\sim10^{-5}$ mN/m)的测定。其测定原理:若一个液滴(如油滴)完全悬浮于与它不溶于另一相(如水)中,当重力与界面张力间的达到某种平衡时,液滴会呈一个稳定形状;为测定超低界面张力,人为地改变原来重力与界面张力间的平衡,使平衡时液滴的形状便于测定,通过重力场参数的变化和界面张力作用以及液滴形状之间达到平衡的条件可以推算出界面张力的大小。在旋转滴界面张力仪中,通常采用使液-液体系或液-气体系旋转,增加离心力场的作用而实现。通常方法:在样品管中充满高密度相液体,再加入少量低密度相液体(或气体,用于测液体与气体间的界面张力),密封后装在旋转滴界面张力仪上,使样品管平行于旋转轴并与转轴同心。开动机器,转轴携带液体以角速度 P 自旋。在离心力、重力及界面张力作用下,低密度相液体在高密度相液体中形成一长球形或圆柱形液滴。其形状由转速 P 和界面张力决定。当转动角速度足够大时,旋转滴通常呈现平躺的圆柱形,两端成半圆状。测定液滴的滴长(L)、宽度(d)、两相液体密度差($\Delta\rho$)以及旋转转速 P,即可计算出界面张力值。界面张力计算的基本公式如下:

$$\sigma = 4.442\times 10^9 \cdot \Delta\rho \cdot P^2 \cdot (d^3/n^3) \cdot f(L/d) \tag{6-5-1}$$

式中　σ——界面张力,mN/m;

　　　$\Delta\rho$——两相密度差,g/cm³;

　　　P——转速,r/min;

　　　n——外相折光率;

　　　d——液滴直径读数,cm;

　　　$f(L/d)$——校正因子,其中 L 为液滴长度,d 为液滴直径,当 $L/d\geq 4$ 时,$f(L/d)=1$,当 $L/d<4$ 时,取值需查表。

不同型号的仪器对应不同的计算公式,Texas-500c 型仪器的界面张力(图6-5-1)计算公式为:

$$\sigma = (1/8)\times\pi^2 \cdot \Delta\rho\times 10^6 \cdot (d^3/m^3) \cdot (1/n^3) \cdot (1/R^2) \cdot f(L/d) \tag{6-5-2}$$

式中　σ——界面张力,mN/m;

　　　$\Delta\rho$——两相密度差,g/cm³;

　　　R——仪器面板转速读数,ms/r;

　　　n——外相折光率;

　　　d——液滴直径读数,cm;

　　　m——仪器显微镜放大倍数;

　　　$f(L/d)$——校正因子,L 为液滴长度,d 为液滴直径,当 $L/d\geq 4$ 时,$f(L/d)=1$,当 $L/d<4$,$f(L/d)$取值可查行业标准 SY/T 5370。

旋转滴界面张力仪经过几代升级,已从显微镜观测模式全面升级至全自动模式。全自动界面张力测试仪与电脑相连,可测动态界面张力值,软件自动控制拍照、保存图片、

第六章　化学驱油

计算界面张力值、显示出测值而无须人工干涉，从而有效避免了人为因素对测值的影响。使用时可以测随时间、转速、温度变化而变化的界面张力值，并把所有测值直接导出为 Excel 文档实时显示测值曲线图。如果使用其他型号的仪器，其界面张力计算公式参见仪器的使用说明。

三、实验仪器及材料

1. 实验仪器

旋转滴界面张力仪（图 6-5-1），密度计，微量注射器。

2. 实验材料

表面活性剂；蒸馏水；煤油；模拟原油。

图 6-5-1 Texas-500c 型旋转滴界面张力仪

四、实验内容和步骤

1. 仪器操作步骤

（1）启动恒温系统，设定实验温度，控温精度达到 ±0.2℃。

（2）测定内、外相密度。

（3）设定内外相密度差。

（4）用针筒将高密度相注入并充满整个玻璃管，盖上盖子，多余的液体会从盖子上的小孔溢出，将玻璃管口朝下约 45°倾斜，用微升进样器将一定体积的低密度相液体小心地注入玻璃管中，此时测量管中不应有气泡，缓慢转动玻璃管，以防液滴附壁，待液滴上升至玻璃管中部，再将玻璃管持平继续缓慢旋转玻璃管，待仪器温度恒定在设定温度时，将玻璃管小心装入转轴孔中，盖上转轴盖子，立即启动电动机，调节转速，使测量管中液滴长度 L 与液滴直径 d 之比尽量介于 2~8（如 $L/d \geq 4$，则测量液滴直径 d；若 $L/d <4$，则测量液滴长度 L 和液滴直径 d）。另外，在旋转过程中，由于受流体各种剪切力的影响，液滴会向一个方向缓慢漂移，因此，测定长度时，应从正反两个方向各测一次，求其平均值。

（5）间隔一定时间（如 5min）读取一次液滴长度和直径数据，连续三次测量的尺寸相差小于 0.1 读数单位，即视为稳态，记录稳态时的液滴长度和直径，停止实验。

2. 实验内容

（1）油水界面张力的测定：按上面的操作方法，测定煤油（或原油）与水的界面张力。

（2）用表面活性剂 SDBS 配制成浓度为 0.050%、0.10%、0.30%、0.50%、1.0% 的表活剂溶液，测定煤油（或原油）与含表活剂水的界面张力。

（3）用不同表面活性剂配制成不同浓度的活性水，测定煤油（或原油）与含表活剂水的界面张力。

五、实验记录及数据处理

（1）界面张力实验数据记录入表 6-5-1。

表 6-5-1　界面张力实验数据记录表

体系	参数	第一次	第二次	第三次	第四次	第五次	稳态
煤油—水	L, cm						
	d, cm						
煤油—0.050%表面活性剂水	L, cm						
	d, cm						
煤油—0.10%表面活性剂水	L, cm						
	d, cm						
煤油—0.30%表面活性剂水	L, cm						
	d, cm						
煤油—0.50%表面活性剂水	L, cm						
	d, cm						
煤油—1.0%表面活性剂水	L, cm						
	d, cm						

（2）计算不同体系稳态时的界面张力值。

六、安全提示及注意事项

（1）充分了解使用仪器、药品、试剂的安全、环境、健康方面的性质和要求，按实验室安全要求做好个人健康、安全防护。

（2）仪器转速不能超过 9000r/min，温度应控制在 95℃以内；在仪器旋转时，不得接触仪器旋转部分，以免造成机械伤害；轻拿轻放样品管，注意样品管的清洗。

（3）实验中的"三废"物质分类收集，集中处理。

七、思考题

（1）注入液滴过大或过小会对结果有什么影响？
（2）为什么要排尽气泡？
（3）水的表面张力和油水界面张力有什么不同？
（4）油水界面张力对驱油效果有何关系和影响？

实验六

化学驱油体系的设计及驱油效果评价

（设计型实验　16~20 学时）

一、实验目的

（1）掌握化学驱油体系设计与优化的基本程序和方法；
（2）理解化学驱油体系性能指标的工程意义及各种油气田化学处理剂的作用原理；

(3) 巩固相关实验基本方法和专业仪器使用方法；
(4) 培养学生的工程设计能力。

二、设计概述

聚合物驱油体系、聚合物—表面活性剂复合驱油体系是提高原油采收率的主要强化采油方法。聚合物驱油体系的驱油原理是利用聚合物的流动控制、提高波及系数的方式来提高采油效率；聚合物—表面活性剂复合体系驱油原理是利用聚合物的流动控制、提高波及系数和表面活性剂提高洗油效率的方式来提高采油效率。在设计和筛选聚合物及表面活性剂时，为确定最佳的段塞尺寸、聚合物浓度和增加的采收率，需要对驱油效果进行评价。聚合物驱油评价实验是在岩心流动仪中进行的，实验装置及原理如图 6-4-1 所示，实验时将岩心模型置于已调至地层温度的恒温箱中。其中，柱塞泵可以设定流量，将中间容器中的聚合物溶液通过三通阀从岩心夹持器上端注入岩心（或填砂管模型）并从下端流出，最后流入接液量筒中，记录数据并录入计算机。同时，在岩心进、出口端的压力传感器随时将排驱压差数据录入计算机。计算机根据采集到的排驱压差、流体质量、排驱时间以及预先输入的岩心尺寸等参数自动完成渗透率、阻力系数、残余阻力系数、采收率、采收率的计算。

三、设计内容与要求

1. 设计项目（任选一组进行设计和性能评价）

(1) 部分水解聚丙烯酰胺驱油体系设计：用部分水解聚丙烯酰胺和模拟地层水设计一套适应温度为 75℃ 的聚合物驱油体系；对其综合性能进行评价和优化。

(2) 疏水缔合聚合物驱油体系设计：用疏水缔合聚合物和模拟地层水设计一套适应温度为 90℃ 的聚合物驱油体系；对其综合性能进行评价和优化。

(3) 聚合物/表面活性剂复合驱油体系的设计：用聚合物、表面活性剂和模拟地层水设计一套适应温度为 90℃ 的聚合物/表面活性剂复合驱油体系；对其综合性能进行评价和优化。

2. 设计参数

(1) 部分水解聚丙烯酰胺驱油体系。适应地层温度：75℃；水质：现场地层水（地层模拟水）；室温下体系黏度≥100mPa·s；75℃、1000s^{-1} 剪切 120min 后体系的保留黏度≥50mPa·s；测定体系的阻力系数、残余阻力系数、采收率等参数。

(2) 疏水缔合聚合物驱油体系设计。适应地层温度：90℃；水质：现场地层水（地层模拟水）；室温下体系黏度≥100mPa·s；90℃、1000s^{-1} 剪切 120min 后体系的保留黏度≥50mPa·s；测定体系的阻力系数、残余阻力系数、采收率等参数。

(3) 聚合物/表面活性剂复合驱油体系设计。适应地层温度：90℃；水质：现场地层水（地层模拟水）；室温下体系黏度≥100mPa·s；90℃、1000s^{-1} 剪切 120min 后体系的保留黏度≥50mPa·s；油水界面张力≤30mN/m；测定体系的抗温抗剪切能力、阻力系数、残余阻力系数、采收率等参数。

3. 设计要求

(1) 根据所选项目要求，通过文献调研、分析，依据相关标准设计出水泥浆体系的初步配方，说明每一种处理剂（或材料）的选择依据及作用或功能。

(2) 按设计方案进行驱油体系性能初步评价和调配。
(3) 分析体系性能的优缺点、环境性、经济性。
(4) 撰写设计报告。

四、实验仪器及材料

1. 实验仪器

恒速泵；精密压力传感器（量程：0.0001~14.00MPa）；填砂管；石英砂；恒温箱。

2. 实验材料

部分水解聚丙烯酰胺（分子量大于2000万）；疏水缔合聚合物；现场地层水（地层模拟水）；模拟原油；氮气；其他必要的化学试剂。

五、实验记录及数据处理

(1) 根据实验需要设计抗温抗剪切能力、阻力系数、残余阻力系数等实验数据的记录表。
(2) 按要求给出各项指标的实验结果。
(3) 分析不同因素对抗温抗剪切能力、阻力系数、残余阻力系数、采收率等参数的影响规律。

六、安全提示及注意事项

(1) 充分了解使用仪器、药品、试剂的安全、环境、健康方面的性质和要求，按实验室安全要求做好个人健康、安全防护。
(2) 实验中涉及高压操作，实验时应确保连接高压气体的管线、阀门等部件连接紧固；操作者应对所使用的设备有足够的熟练、正确操作能力，否则应在教师指导下完成，严禁违章操作。
(3) 做完实验后，清洗模型内腔以及管线，特别是装水的中间容器，涂抹黄油以防止锈蚀和堵塞。
(4) 实验中的"三废"物质分类收集，集中处理。

七、思考题

(1) 影响原油采收率的因素有哪些？
(2) 模拟砂岩模型的填装应注意哪些问题？
(3) 为了提高油层原油采收率，使用的聚合物应该具备什么性质？

实验七

驱油用抗温、抗盐疏水缔合聚合物的研制

（研究型 16~20学时）

一、实验目的

(1) 掌握油气田化学处理剂研发的完整过程、评价标准和实验方法；

(2) 理解油气田化学处理剂的分子结构、性质与其工程作用、作用原理之间的逻辑关系；
(3) 拓展相关理论知识、巩固实验技能、了解行业发展前沿；
(4) 培养学生根据工程实际需求，提出、分析、解决复杂工程问题的能力。

二、研究目标

(1) 研制出一种抗温、抗盐能力较强的驱油用疏水缔合聚合物；
(2) 优化出单体比例和最佳合成条件；
(3) 对合成的疏水缔合聚合物的性能进行初步评价；
(4) 抗温能力≥120℃；抗盐能力，矿化度≥1×10^5mg/L；
(5) 黏度、抗温抗剪切能力、阻力系数、残余阻力系数等达到标准要求。

三、参考研究路线

聚合物驱油主要是利用高分子聚合物驱替液的高黏度和黏弹效应、聚合物在孔隙表面的吸附作用、聚合物在孔隙喉道处的捕集作用，降低水相渗透率，改善流度比和提高驱替液的波及系数以提高采油效率。聚合物驱替液的黏度和黏弹效应都与聚合物的分子量、聚合物分子间的相互作用力（聚合物溶液的结构黏度）有关。

高分子溶液的表观黏度可以看成由牛顿黏度（Newton viscosity）和结构黏度（structural viscosity）组成。牛顿黏度可以看作是流体团有相对运动时惰性质点之间的摩擦力，在高分子溶液中主要与高分子物质的分子量有关，即高分子流体力学半径有关；结构黏度可以看作是流体团有相对运动时，由于流体质点（可以是粒子、分子、离子）之间的有相互作用力产生的摩擦力，在高分子溶液中主要与高分子链与链之间的缠绕结构、不同电荷基团的相互作用力、氢键作用力、疏水缔合作用力、交联结构作用力而产生的摩擦力。高分子链与链之间的各种相互作用力使流体产生结构性；高分子溶液能显著增加溶液的黏度主要是由于结构黏度较大的原因。

提高高分子溶液的黏度的方法包括提高高分子的分子量和提高高分子溶液的结构性。对于驱油用聚合物溶液提高其弱结构作用力，可以解决超高分子量聚合物生产及工艺上的困难；也可以满足注入时需要体系黏度较低，低速流动或静止时需要黏度较高的要求。

疏水缔合聚合物是通过在水溶性高分子链上引入少量疏水基团，利用其疏水缔合作用使高分子溶液产生一定量的可逆结构性，在不要求聚合物分子量太高的情况下实现聚合物溶液具有较高黏度。其原理如图6-7-1所示。

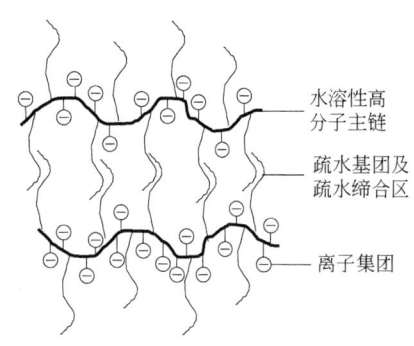

图6-7-1 水溶性高分子疏水缔合原理图

四、实验仪器与材料

1. 实验仪器

常规化学合成仪器；搅拌器；温度计；电子秤（精度0.01g）；电子天平（0.0001g）；旋转黏度计；高温高压流变仪；驱油实验装置。

2. 实验材料

丙烯酰胺（AM），化学纯；丙烯酸（AA），化学纯；2-丙烯酰胺基-2-甲基-丙烷磺酸钠（AMPS），化学纯；十六烷基-二甲基-烯丙基氯化铵（C16-DMAAC）；十八烷基-二甲基-烯丙基氯化铵（C18-DMAAC）；Na_2SO_8，化学纯；NaOH，化学纯；广泛 pH 试纸；部分水解聚丙烯酰胺 HPAM（分子量 2000 万~3000 万）；去离子水；其他必要的试剂和材料。

五、研究工作要求

（1）文献收集与分析：收集疏水缔合聚合物合成的相关文献，进行文献综述，分析其优缺点和发展趋势。

（2）方案设计：进行疏水缔合聚合物分子结构初步设计、合成实验方案设计、评价实验方案设计、设计实验记录表。

（3）合成制备实验：研究单体比例、引发剂用量、反应温度、反应时间等合成条件对聚合物分子量的影响，优化出最近合成方案；通过红外、核磁等现代分析测试手段表征产品分子结构。

（4）性能评价实验：测定不同浓度疏水缔合聚合物溶液的黏度，确定疏水缔合浓度；测定疏水缔合聚合物的抗温、抗盐性能；测定疏水缔合聚合物的驱油效果。

（5）研究结果分析：分析各种合成条件对疏水缔合聚合物的驱油性能的影响规律；以部分水解聚丙烯酰胺 HPAM 为对比样品，分析其优缺点；根据实验结果提出产品改进的初步意见。

（6）撰写研究报告，进行答辩与交流。

六、安全提示及注意事项

（1）充分了解实验中所使用仪器、药品、试剂的安全、环境、健康方面的性质和要求，按实验室安全要求做好个人健康、安全防护。

（2）实验中涉及高温、高压操作，操作者应对所使用的设备有足够的熟练、正确操作能力，否则应在教师指导下完成，严禁违章操作。

（3）实验中的"三废"物质分类收集，集中处理。

七、思考题

（1）黏度的本质是什么？提高流体黏度的方法有哪些？

（2）引入 2-丙烯酰胺基-2-甲基-丙烷磺酸钠（AMPS）有何作用？

（3）增长疏水链长度、改变单体之间比例，引发剂加量和反应条件对产物分子结构有何影响？

第七章 原油的初步处理与集输

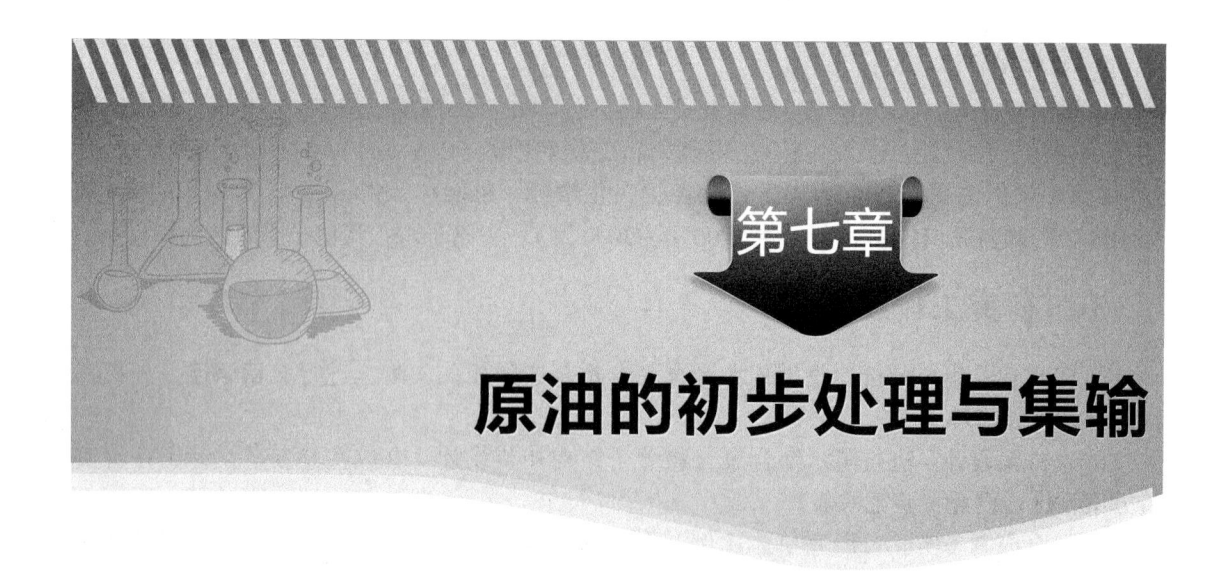

世界各地的油田，几乎都要经历含水开发期，特别是采油速度快和采用注水进行强化开采的油田，其无水采油期短，油井见水早，原油含水率增长速度快。例如美国约有80%的原油含水；1990年，我国油田原油含水达78%。到开采后期，蒸汽驱、聚合物驱、表面活性剂驱和三元复合驱等强化采油技术的应用，驱油剂的存在导致原油乳状液含水量剧增，含水率可高达90%以上，因此，原油含水是油田生产的正常状态和普遍现象。油田采出原油中的水，主要以乳状液形式存在，大多数为油包水（W/O）乳状液；但随着聚合物驱、表面活性剂驱和三元复合驱等强化采油技术的应用，（O/W）乳状液也在逐渐增加。原油含水危害极大，不仅增加了储存、输送和炼制过程中设备的负荷，而且增加了升温时的燃料消耗，甚至因水中含有盐类而引起设备和管道的结垢或腐蚀，而排放的水由于含油也会造成环境的污染和原油的浪费。由于水几乎成为油田原油的"永远伴随者"，水的危害又是如此之大，所以，原油破乳脱水就成为油田原油生产中一个不可缺少的环节。原油的破乳脱水方法有热破乳、电破乳、化学破乳以及这些方法的组合，但通过化学破乳剂首先破坏乳状液的稳定性是基础条件。对原油中含水量的分析是破乳脱水工艺选择、破乳剂选择、脱水效果评价等工作的基础；破乳剂效果实验是破乳剂合成与性能评价、破乳剂优选、破乳脱水工艺设计的依据。

单井的原油需要通过管线输送集中，集中的原油需要通过管线输送到炼油厂，随着输油规模的不断扩大，输油管道的能耗费用越来越大。为了改善长距离管道输送原油的流动状况，减少能源消耗，降低输油成本，原油疑点的降低（降凝）和原油管输阻力的减小（减阻）是原油集输中两个重要问题。原油疑点是指规定的实验条件下原油失去流动性的最高温度。原油失去流动性有两个原因：一是由于原油的黏度随温度的降低而升高，当原油的黏度升高到一定程度时，原油即失去流动性；二是由原油中的蜡引起，当温度降低至原油的析蜡温度时，蜡晶析出，随着温度进一步降低，蜡晶数量增多，并长大、聚结，直到形成遍及整个原油的结构网，原油即失去流动性。因此，原油疑点在一定程度上反映了蜡晶颗粒形成网状结构的难易程度。原油输送阻力是指原油在输送管道内流动的阻力。流体在管道内流动都会有阻力，像原油这类黏性较强的流体在输送管道内流动是阻力表现更为明显，即单位距离的压力降大。流体在管道内流动的阻力来自流体与管道的摩擦力和流体团有相对运动时的摩擦力（黏度），后者是流动阻力产生的主要原因。黏度（流体流动的摩擦力）产生的原因是流体中分子、离子、颗粒、粒子之间的相互作用力，这些相互作用力是流体产生结构性，相互作用力越强，流体的结构性越强，流动阻力越大。原油中的大分子烷烃、胶质、沥青、蜡晶、黏土颗粒、砂粒等物质都会使原油产生较强的结构性，因此黏度较高。向原油中加入少量的减阻剂，降低分子、离子、颗粒、粒子之间的相互作用力，解除其结构性，从而降低原油的输送阻力是油田常用的减阻输送方法。原油结蜡还会造成采油管道油流通道直径减小，影响油井产量，缩短采油周期，增加清蜡作业次数和费用，严重结蜡的油井，一般要通过加入防蜡剂来防止蜡的快速和大量沉积。通过化学法（化学剂）是原油降凝、降黏的经济有效、简便易行方法。原油降凝、减阻输送方案设计、降凝剂和减阻剂的优选、降凝剂和减阻剂的研制、效果评价都需要用实验方法获得各种必要的参数。

实验一

原油含水量的测定

（基础型实验　2学时）

一、实验目的

(1) 掌握原油及原油乳状液中含水量测定基本方法；
(2) 理解原油及原油乳状液中含水量测定的原理及工程意义；
(3) 了解水在原油中存在的形式及影响因素。

二、实验原理

采出原油及原油乳状液中含水是一种普遍现象。商品原油对水的含量有严格要求，我国的商品原油要求含水小于0.5%，采出原油及原油乳状液中含水量超过要求时，就必须对其进行处理，不论是处理前还是处理后，都需要对原油中含水量进行分析。蒸馏法是一种简单易行，准确度较高的测定方法之一，其原理是：在一定量的样品中，加入与水不混溶的溶剂，在加热回流时，利用加入溶剂与水形成共沸物将水带出，冷凝后溶剂和水在接收器中连续分离，水沉降到接收器中带刻度的部分，溶剂返回到蒸馏瓶中，直到原油中水完全被带出，读出接收器中水的体积（图7-1-1），并计算出试样中水的百分含量。

三、实验仪器及材料

1. 实验仪器

蒸馏仪；电加热套；电子天平（0.01）；其他常用玻璃仪器。

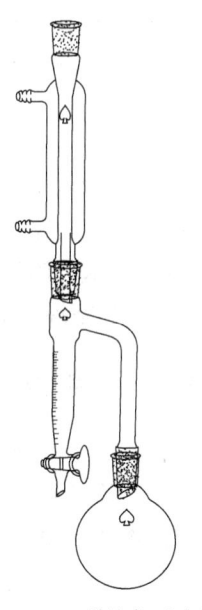

图7-1-1　蒸馏仪示意图

2. 实验药品

原油或原油乳状液；二甲苯，化学纯；无水氯化钙（干燥剂），化学纯。

四、实验内容及步骤

（1）在蒸馏器的磨口处涂上凡士林，按图7-1-1装配实验仪器，保证全部接头的气密性和液密性，接上干燥管，防止空气中水分进入冷凝管，连接冷凝水管。

（2）用烧杯称取一定量的原油或原油乳状液，其量由原油中的含水量决定。

表7-1-1 原油含水量与实验取样量对应表

预期试样中含水量，%	50.1~100.0	25.1~50.0	10.1~25.0	5.1~10.0	1.1~5.0	≤1.0
大约试样量，g	5	10	20	50	100	200

（3）在称取有原油的烧杯中加入50mL二甲苯，搅拌均匀，慢慢倒入烧瓶中；用50mL二甲苯洗涤烧杯3次，倒入烧瓶中，加入几粒沸石。

（4）打开冷却水，打开加热器缓慢加热，当二甲苯开始回流后，调整加入功率，使冷凝液不超过冷凝管的3/4，溜出物速度控制在每秒钟2~5滴。连续蒸馏，直到除接收器外仪器任何部分都没有可见水，当接收器中水的体积在5min以上保持不变时，停止加热。

（5）将接收器和其内的冷凝物冷却到室温，读出接收器中水的体积（准确至0.025mL）。

五、实验记录及数据处理

（1）实验数据记录入表7-1-2。

表7-1-2 原油含水量实验数据记录表

样品名称	样品质量 m，g	水的体积 V，mL	含水量

（2）含水率按公式(7-1-1)计算：

$$X = \frac{V}{m} \times 100\% \tag{7-1-1}$$

式中　X——含水率，%；

　　　m——试样的质量，g；

　　　V——水的体积，mL。

注：水在室温时的密度可视为1.0g/mL，因此，用水的毫升数作为水的克数。

六、安全提示及注意事项

（1）充分了解使用仪器、药品、试剂的安全、环境、健康方面的性质和要求，按实验室安全要求做好个人健康、安全防护。

（2）本实验使用的原油和二甲苯都为易燃品，实验时不得使用明火，加热时应用加热套；二甲苯有一定毒性，实验应在通风橱内进行，保持实验室的通风性。

（3）实验中的"三废"物质分类收集，集中处理。

七、思考题

(1) 原油含水有哪些危害？
(2) 原油中水存在的形式有哪些？
(3) 测定原油含水量有何意义？
(4) 实验中，哪些因素会影响测定的准确性？

实验二

原油运动黏度的测定

（基础型实验　2 学时）

一、实验目的

(1) 掌握原油运动黏度测定的原理和方法；
(2) 理解原油黏度在原油集输中的工程应用意义；
(3) 了解影响运动黏度的各种因素。

二、实验原理

油品的黏度是评价油品流动性能的指标。在油品输送和使用过程中，黏度对流量和压力降影响很大，因此，油品的黏度是石油化工设计中必不可少的物理参数。油品的黏度与其化学组成密切相关，它反映了油品的烃类组成特性。

本实验适用于测定液体石油产品的运动黏度。在国际单位中，运动黏度单位为 m^2/s，通常在实际应用中以 mm^2/s 为基本单位，在温度 T 时的运动黏度用符 ν_T 表示。使用毛细管黏度计测定石油产品黏度是以泊氏（Poiseuille）公式为基础，如公式(7-2-1)，其基本方法是在恒定的温度下，测定一定体积的液体在重力下流过一个经标定好的玻璃毛细管黏度计的时间（s），黏度计的毛细管常数与流动时间的乘积，即为该温度下被测液体的运动黏度。其仪器如图 7-2-1。

$$\eta = \frac{\pi p r^4}{8VL} t \tag{7-2-1}$$

式中　η——动力黏度，$Pa \cdot s$（或 $N \cdot s/m^2$）；
　　　V——通过毛细管的液体体积，m^3；
　　　L——毛细管长度，m；
　　　p——推动液体流动的压力，Pa；
　　　r——毛细管半径，m；
　　　t——液体流过毛细管的时间，s。

当液体靠重力流动时，其压力 p 为：

$$p = h\rho g \tag{7-2-2}$$

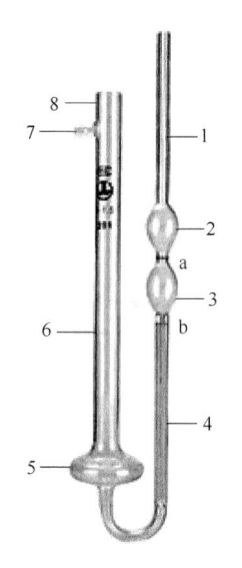

(a) 毛细管黏度计　　　　　(b) 运动黏度测定仪

图 7-2-1　毛细管黏度计及运动黏度测定仪

1，6—管身；2，3，5—扩张部分；4—毛细管；7—支管；8—通气管；a, b—标线

式中　h——液体高度，m；

　　　ρ——液体密度，kg/m³；

　　　g——重力加速度，m/s²。

将此式代入泊氏公式，令 $\nu = \eta/\rho$，可得：

$$\nu = \eta/\rho = \frac{\pi r^4 hg}{8VL} t \tag{7-2-3}$$

设 $C = \dfrac{\pi r^4 hg}{8VL}$ 并代入上式

则

$$\nu = Ct \tag{7-2-4}$$

其中，C 为黏度计常数，它只与黏度计的几何形状及尺寸有关。如忽略黏度计本身玻璃的膨胀系数则在不同的温度下，同一支黏度计可以用同一常数，所以运动黏度的测定，只要用已知常数 C 的毛细管黏度计在一定温度下测定试样流过毛细管的时间，代入公式（7-2-4）即可求得试样的运动黏度。

黏度计的常数 C，通常采用已知 20℃ 黏度 ν_{20} 的标准油，在 20℃ 下测定其流过黏度计的时间 t，然后按 $C = \nu_{20}/t$ 计算得到。

温度对油品黏度有很大影响，必须严格控制测定温度在 ±0.1℃ 以内，测定结果必须标明温度。

三、实验仪器及材料

1. 实验仪器

石油产品运动黏度测定仪，毛细管黏度计一组（内径：0.4mm、0.6mm、0.8mm、

1.0mm、1.2mm、1.5mm、2.0mm、2.5mm、3.0mm、3.5mm、4.0mm、5.0mm、6.0mm），如图7-2-1所示，每支黏度计必须按JJG 155—2016《工作毛细管黏度计检定规程》进行检定并确定常数，测定试样的运动黏度时，应根据试样的温度选用适当的黏度计，务使试样的流动时间不少于200s，内径为0.4mm的黏度计，流动时间不小于300s；玻璃水银温度计，分度为0.1℃；秒表，分度为0.1s。

2. 实验材料

洗涤用轻油或NY120溶剂油；铬酸洗液；石油醚，60~90℃；95%乙醇，化学纯。

四、实验内容及步骤

（1）调节恒温温度，使达到测定温度。

（2）试样油如含水，实验前必须先脱水，并用滤纸过滤滤除去机械杂质。将过滤后试样油放入小烧杯中。

（3）装入试样油前，黏度计必须用用轻汽油或石油醚洗涤干净，如黏有污垢，可先用铬洗液再用蒸馏水等仔细洗净，然后放入烘箱（烘箱温度不得高于100℃）烘干。

（4）将橡皮管套在选好的黏度计支管7上，将黏度计倒置，并用橡皮塞堵住管身6的管口，然后将管身1的一端插入小烧杯所盛的试样油中，此时用橡皮球，从橡皮管的一端将试样油吸入黏度计中达到标线b处，同时注意黏度计中试样油不得产生气泡和裂隙。当液面正好达到标线b时，从烧杯中提起黏度计，并迅速将它倒置过来，恢复正常位置，将管身外壁所沾试样油拭去，让试样油自由留流下，取下管身6的管口的橡皮塞。从支管7上取下橡皮管套在管1上，以备实验时吸油之用。在管6上端套上一个软木塞，以便用夹子夹住软木塞将黏度计固定在恒温浴中。

（5）将黏度计浸入在恒温浴中，使黏度扩张部分2浸入一半，并用夹子将黏度计固定在支架上。将黏度计毛细管调整成垂直位置，须用铅垂线从两个交叉的方向检查毛细管4的垂直位置。

（6）恒温浴中温度计的水银球位置，必须与黏度计的毛细管4中点处于同一水平面。为了使温度指标准确，最好使用全浸式温度计，并使用水银线只有10mm露出在恒温浴液面之上。

使用全浸式温度计时，如果它的测温刻度露出恒温浴的液面高于10mm，应按照式(7-2-5)计算温度计液柱露出部分的补正数ΔT准确测量出液体的温度。

$$\Delta T = K \cdot h(T_1 - T_2) \tag{7-2-5}$$

式中 K——常数，水银温度计采用$K=0.00016$，酒精温度计采用$K=0.001$；

h——露出在浴面上的水银柱或酒精柱高度，mm；

T_1——测定黏度时的规定温度，℃；

T_2——接近温度计液柱露出部分的空气温度，℃（用另一支温度计测出），实验时取 T_1减去Δt作为温度计上的温度读数。

（7）将恒温浴调节到规定温度，实验温度必须保持恒定到±0.1℃。装好油的黏度计在规定温度的恒温浴内经过所规定的预热时间15~20min，才可以开始测定。

（8）用橡皮球通过管身1所套着的橡皮管将试样油吸入扩张部分3，使油面稍高于标线a，但不得高出恒温浴的液面，并且注意不要让毛细管和扩张部分3中的液体产生气泡或裂隙。让试样油自动流下,当液面正好达到标线 a 时,开动秒表,当液面下降到标线 b 时,停住秒表。记录试样油流经的时间(s)。

在测定中,恒温浴的温度要保持不变,记录测定时间的温度,准确至 0.1℃,并注意自由流入的试样油中不应有气泡。

(9)每个试样至少重复测定四次,各次流动时间与其算术平均值的差值应符合如下要求:在温度 10~100℃测定黏度时,差值不应超过算术平均值的±0.5%;在-30~-10℃测定黏度时,差值不应超过算术平均值的±1.5%;在低于-30℃测定黏度时,差值不应超过算术平均值的±2.5%。然后,取不少于 3 次的流动时间所得算术平均值,作为试样油的平均流动时间。

五、实验记录及数据处理

(1)实验数据记录入表 7-2-1。

表 7-2-1 原油运动黏度测定实验数据记录表

实验温度 T		℃	黏度计直径		mm	黏度计常数 C		
样品编号	流经时间 t, s					算术平均值	有效平均值	运动黏度 mm²/s
	第 1 次	第 2 次	第 3 次	第 4 次	第 5 次			

(2)实验数据处理。

在温度 T 时,试样的运动黏度 v_T,mm²/s,按公式(7-2-6)计算:

$$v_T = C \cdot t \tag{7-2-6}$$

式中 v_T——在温度为 T 时试样的运动黏度,mm²/s;

C——黏度计常数,mm²/s;

t——试样的平均流动时间,s。

在温度为 T 时,式样的动力黏度 η_T 按公式(7-2-7)计算。

$$\eta_T = v_T \cdot \rho \tag{7-2-7}$$

式中 η_T——在温度为 T 时式样的动力黏度,mPa·s;

v_T——在温度为 T 时式样的运动黏度,mm²/s;

ρ——在温度为 T 时式样的密度,g/cm³。

六、安全提示及注意事项

(1)充分了解使用仪器、药品、试剂的安全、环境、健康方面的性质和要求,按实验室安全要求做好个人健康、安全防护。

(2)实验中使用的玻璃黏度计,注意防止其破碎和划伤。

(3)实验中的"三废"物质分类收集,集中处理。

七、思考题

（1）石油产品黏度与化学组成的关系如何？
（2）测定石油产品黏度有何工程意义？
（3）黏度测定时，为什么实验温度不同，恒温时间不同？
（4）为什么测定黏度的试样必须先脱水和过滤？

实验三

原油凝点的测定

（基础型实验 2学时）

一、实验目的

（1）掌握原油凝点测定方法和凝点测定仪的使用方法；
（2）理解原油凝点的工程意义；
（3）了解影响原油凝点的因素。

二、实验原理

低温下油品失去流动性有两种不同的情况：含蜡较少的油品是由于温度降低，油品黏度增大到某一程度而使油品失去流动性；对于含蜡较多的油品来说，在温度降低过程中，蜡结晶析出、长大并相连成网状（骨架），将未凝的油品吸附、包围起来，从而使整个油品失去流动性，因此，高含蜡油品的凝点是指在特定条件下失去流动性而已，并不是真正的凝固。

润滑油及深色石油产品在实验条件下冷却到液面不移动时的最高温度，称为凝点。其测定方法是将试样装在规定的试管中，并冷却到预期的温度时，将试管倾斜45°经过的1min，观察液面是否移动；当液面不移动时，则为该样品的凝点。

三、实验仪器及材料

1. 实验仪器

圆底试管[高度（160±10）mm，内径（20±1）mm，在距管底30mm的外壁处有一环形标线]，圆底玻璃套管[高度（130±10）mm，内径（40±2）mm]，水银温度计（符合GB/T 514的规定，供测定凝点高于-35℃的石油产品使用），液体温度计（符合GB/T 514的规定，供测定凝点低于-35℃的石油产品使用），有能固定套管、冷却剂容器和温度计的装置的支架，水浴，凝点测定仪。常见的倾点、凝点测定仪如图7-3-1所示。

图 7-3-1 原油倾点、凝点测定仪

2. 实验材料

冷却剂（实验温度在0℃以上用水和冰；在-20~0℃用盐和碎冰或雪；在-20℃以下用工业乙醇和干冰），无水乙醇（化学纯）；原油（或模拟原油）。

四、实验内容及步骤

（1）在干燥清洁的试管中注入试样，使液面满至环形标线处。用软木塞将温度计固定在试管中央，使水银球距玻璃管底8~10mm。

（2）装有式样和温度计的试管垂直的浸在（50±1）℃的水浴中，直到试管的温度达到（50±1）℃为止。

（3）从水浴中取出装有试样和温度计的试管，擦干外壁，用软木塞将试管牢固的装在套管中。装好的仪器要垂直的固定在支架的夹子上，并放在室温中静置，直至试管中的试样冷却到（35±5）℃为止。在套管内加入无水乙醇2mL，将试管放入套管内，冷却剂的温度应比式样的预期凝点低7~8℃。试管侵入冷却剂的深度应不小于70mm。当试样温度冷却到预期的凝点时，将试管和试管套组件作45°倾斜，保持1min。小心取出仪器，迅速用工业乙醇擦拭套管外壁，垂直放置仪器并观察试管里面的液面是否有移动的迹象。

（4）当液面位置有移动时，将试管重新预热至试样达（50±1）℃，然后用比上次实验温度低4℃或其他更低的温度重新进行测定，直至某实验温度能使液面位置停止移动为止。

（5）当液面位置没有移动时，将试管重新预热至试样达（50±1）℃，然后用比上次实验温度高4℃或其他更高的温度重新进行测定，直至某实验温度能使液面位置有了移动为止。

（6）找出凝点的温度范围（液面位置从移动到不移动的温度范围）之后，就采用比移动的温度低2℃，重新进行实验。直至确定某温度能使试样的液面停止不动而提高2℃又使液面移动时，就取使液面不动的温度作为试样的凝点。

（7）试样的凝点必须重复测定。第二次测定时的开始实验温度，要比第一次所测出的凝点高2℃。

五、实验记录及数据处理

（1）原油凝点测定实验数据记录入表7-3-1。

表7-3-1　原油凝点实验数据表

实验温度，℃							
液面流动情况							

（2）用平行测定两个结果的算术平均值作为试样的凝点。同一操作者重复测定两个结果之差不超过2℃。

六、安全提示及注意事项

（1）充分了解使用仪器、药品、试剂的安全、环境、健康方面的性质和要求，按实验室安全要求做好个人健康、安全防护。

（2）本实验涉及油品和易燃物品的实验，实验室禁止使用明火。

（3）实验中的"三废"物质分类收集，集中处理。

七、思考题

（1）测定试样油产品凝点的意义是什么？

（2）试样的含水量在 5% 以上时对凝点的影响较大，如试样含水多，水分在 0℃ 结冰，影响试样流动，凝点应如何变化？

（3）原油为什么经热处理后摇经 48h 才能取样测定凝点？

（4）试样油产品低温时失去流动性的原因是什么？

实验四

原油破乳剂性能评价

（综合型实验 4 学时）

一、实验目的

（1）掌握原油破乳的基本方法和乳化剂的评价方法；

（2）理解破乳剂的作用原理；

（3）了解影响乳状液稳定性的因素。

二、实验原理

油田采出原油中的水，大多数以油包水（W/O）乳状液形式存在。原油中含有环烷酸、沥青、胶质等天然表面活性剂，这些物质起到乳化剂的作用，使原油乳状液有较高的稳定性。原油乳状液的稳定性与体系的表面张力、油水界面乳化剂膜的性质、乳状液颗粒的电荷、原油中含有的微小固体颗粒（如砂、黏土、蜡晶等）的含量和性质等因素有关。化学破乳剂通过影响上述因素中的一个或几个，破坏乳状液稳定性，从而达到破乳脱水的目的。

三、实验仪器及材料

1. 实验仪器

具塞刻度试管 100mL（最小刻度 1mL）；恒温水浴锅等。

2. 实验材料

油（煤油或滑润油）；表面活性剂 OP-10（乳化剂）和 SP-80（乳化剂）；表面活性剂 PPG（破乳剂）或其他商品化破乳剂。

四、实验内容及步骤

1. 乳状液的制备及稳定性

（1）在 5 支编号的具塞刻度试管中加入水 20mL，油 80mL；编号 1 的试管作参比用；向

2~5号试管中加入4.0%（占油水总量的百分比）的乳化剂OP-10，再分别向试管中加入10%的SP-80乳化剂0、3、6、10滴，盖上塞子，水平振动2~5次，打开塞子放气，再盖上塞子，水平振动200次。

（2）将2~5号试管中的乳状液分层情况与1号试管进行比较，观察乳化和破乳的过程。

（3）将5只试管放在40℃恒温水浴箱中，静置，观察其稳定性，记录油、水层的体积（mL）随时间的变化情况。

2. 破乳剂加量对破乳效果的影响

在5支编号的100mL量塞量筒中加入100mL含水原油或本实验配制的稳定的油水乳状液。按水量计算分别加入60mg/L、80mg/L、100mg/L、120mg/L、140mg/L的破乳剂PPG，放入60℃的恒温水浴10min，然后取出，振动200次，再放入60℃的恒温水浴中；记录不同时间的出水量。

3. 温度对破乳效果的影响

在4支编号的100mL量塞量筒中加入100mL含水原油或本实验配制的稳定的油水乳状液。固定破乳剂加量120mg/L，分别在室温、40℃、60℃、80℃的条件恒温水浴10min，然后取出，振动200次，再放入相应的恒温水浴中；记录不同时间的出水量。

4. pH值对破乳效果的影响

在3支编号的100mL量塞量筒中加入100mL含水原油或本实验配制的稳定的油水乳状液。固定破乳剂加量120mg/L，用5.0%的HCl溶液和5.0% NaOH溶液调整乳状液pH值为2、7和12，放入60℃的恒温水浴10min，然后取出，振动200次，再放入60℃的恒温水浴中；记录不同时间的出水量。

5. 无机盐对破乳效果的影响

在4支编号的100mL量塞量筒中加入100mL含水原油或本实验配制的稳定的油水乳状液。固定破乳剂加量120mg/L，在乳状液中加入水量的2.0%、5.0%、10.0%、20.0%的NaCl，放入60℃的恒温水浴10min，然后取出，振动200次，再放入60℃的恒温水浴中；记录不同时间的出水量。

五、实验记录及数据处理

（1）乳状液制备及稳定性实验数据记录入表7-4-1。

表7-4-1 乳状液制备及稳定性实验数据记录表

编号	SP80加量 滴	不同静置时间水的体积，mL							
		5min	10min	15min	20min	25min	30min	40min	60min
1									
2									
3									
4									
5									

（2）乳状液加量对破乳效果影响实验数据记录入表7-4-2。

表 7-4-2　乳状液加量对破乳效果影响实验数据记录表

编号	破乳剂 PPG 加量，mg	不同静置时间水的体积，mL									
		5min	10min	15min	20min	25min	30min	40min	60min	90min	120min
1											
2											
3											
4											
5											

（3）温度对破乳效果影响实验数据记录入表 7-4-3。

表 7-4-3　温度对破乳效果影响实验数据记录表

编号	破乳温度，℃	不同静置时间水的体积，mL									
		5min	10min	15min	20min	25min	30min	40min	60min	90min	120min
1											
2											
3											
4											

（4）pH 值对破乳效果影响实验数据记录入表 7-4-4。

表 7-4-4　pH 值对破乳效果影响实验数据记录表

编号	pH 值	不同静置时间水的体积，mL									
		5min	10min	15min	20min	25min	30min	40min	60min	90min	120min
1											
2											
3											

（5）无机盐对破乳效果影响实验数据记录入表 7-4-5。

表 7-4-5　无机盐对破乳效果影响实验数据记录表

编号	NaCl 加量，%	不同静置时间水的体积，mL									
		5min	10min	15min	20min	25min	30min	40min	60min	90min	120min
1	0										
2	2.0										
3	5.0										
4	10.0										
5	20.0										

（6）分别用 Origin 软件或 Excel 中的作图工具，以时间对脱水量作图，分析各种因素对破乳效果的影响。

六、安全提示及注意事项

（1）充分了解使用仪器、药品、试剂的安全、环境、健康方面的性质和要求，按实验室安全要求做好个人健康、安全防护。

（2）本实验使用油品，保持室内通风，注意防止火灾；本实验涉及高温，防止烫伤。

（3）在乳液制备的振动过程和加热过程中，由于油品挥发性较大，要及时放气，防止炸伤；
（4）实验中的"三废"物质分类收集，集中处理。

七、思考题

（1）影响乳状液稳定性的因素有哪些？
（2）本实验使用的破乳剂的作用原理是什么？
（3）破乳剂加量是不是加量越大破乳效果越好？其最佳加量一般在什么范围？
（4）温度、pH 值，含盐量是通过影响什么因素来影响破乳效果？

实验五

原油防蜡剂性能评价

（综合型实验　4 学时）

一、实验目的

（1）掌握原油降凝剂的评价方法及相关专业仪器使用方法；
（2）理解原油防蜡剂的作用原理及防蜡的工程意义；
（3）了解影响原油结蜡的因素和防蜡剂的类型。

二、实验原理

在原油开采和输送过程中，由于温度、压力降低以及轻质组分的逸出等原因，溶解在原油中的蜡按分子量的从大到小顺序结晶析出。一方面，蜡晶在原油中形成结构性流体使原油黏度升高、输送阻力增大；另一方面，析出的蜡沉淀在管壁、油泵以及其他采油、输油设备上，形成蜡沉积物，即结蜡。原油结蜡对原油的开采和输送有很大影响，严重时甚至造成停产、停输，给生产带来重大经济损失。蜡沉积物的主要成分是石蜡，石蜡是一系列 $C_{18}H_{38}$ 至 $C_{70}H_{142}$ 的正构烷烃，其中 $C_{20}H_{42}$ 到 $C_{30}H_{62}$ 含量最多，同时，蜡沉积物中还含有一定量的微晶蜡、胶质、沥青质、泥砂、原油、水等。一般认为原油结蜡过程可分为三个阶段，即析蜡阶段：原油中的蜡以微晶形式从油中析出；蜡晶生长阶段：蜡分子在蜡微晶上不断沉积，蜡的晶体不断长大；蜡沉积阶段：析出的蜡聚集并沉淀、附着在管壁上造成结蜡。但也有人认为石蜡的沉积是烷烃直接在管壁上结晶。不论哪种观点，蜡的结晶和沉积都是由于温度、压力、轻质组分（相当于溶剂）等条件的变化，蜡在原油中由不饱和状态变为饱和或过饱和状态，蜡从原油中析出、结晶和沉积在管道表面，因此，蜡的晶核的出现、长大、沉积是一个自发过程。油田上主要采用的防蜡措施：热力法、油管表面改性法、化学法以及物理场法等。

化学法是用化学防蜡剂防止原油结蜡，同时降低其凝点，也是目前普遍采用的操作简单、经济易行的防蜡方法之一。化学防蜡剂的防蜡原理：通过化学防蜡剂改变蜡晶表面性质、石蜡结晶形态或蜡晶的分布形态，使蜡晶不能聚集长大成网络结构或不易沉积而被油流带走，从而防止蜡在设备、管道表面结蜡和降低原油的凝点，改善原油的流动性。由于原油组成不同，各种防蜡剂对不同原油的防蜡效果不同，通常是用实验来确定。

防蜡剂评价原理是利用专用仪器模拟含蜡原油（或含蜡模拟油样）在地层和油管内流动时温度、压力等条件的变化情况，测定一定时间和一定温度下，蜡在测定管内的沉积质量来表征原油的结蜡量大小或评价防蜡剂的防蜡效果。其仪器的原理如图 7-5-1 所示。

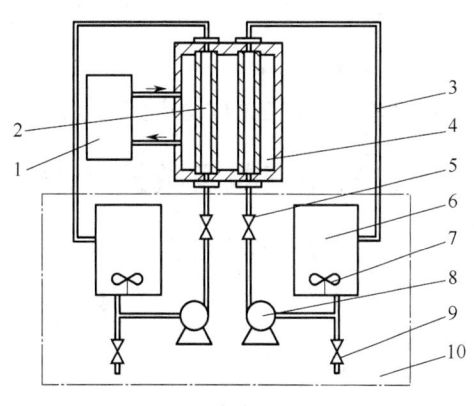

图 7-5-1 原油动态结蜡仪原理示意图
1—制冷源；2—结蜡管；3—循环管；4—低温室；
5—流速调节器；6—含蜡试液罐；7—搅拌器；
8—循环泵；9—排液口；10—高温室

三、实验仪器及材料

1. 实验仪器

原油动态结蜡仪，JLY-2 或类似仪器；天平，感量 0.01g；高速搅拌机，6000r/min；电热恒温干燥箱；原油凝点测定仪。

2. 实验材料

柴油，0 号；石蜡，58 号；含蜡原油；防蜡剂，苯、甲苯。

四、实验内容及步骤

1. 试液的制备

（1）油基清防蜡剂防蜡率测定用试液的制备。在两个 1000mL 的烧杯中各加入 150g 石蜡及 450g 柴油，加热至 50℃，使石蜡完全溶解；在其中一个试液中加入 6.00g 油基清防蜡剂，搅拌均匀即为加药试液。另一试液不加清防蜡剂，为空白试液。分别将试液倒入原油动态结蜡仪的两个试液罐中。

（2）水基清防蜡剂防蜡率测定用试液的制备。在两个 1000mL 的烧杯中各加入 100g 石蜡及 300g 柴油，加热至 50℃，使石蜡完全溶解；再各加入 100g 乙醇及 100g 蒸馏水，用高速搅拌机搅拌 10min，使其乳化后，在其中一个试液中加入 4.00g 水基清防蜡剂，搅拌均匀即为加药试液。另一试液不加清防蜡剂，为空白试液；分别将试液倒入原油动态结蜡仪的两个试液罐中。

2. 结蜡管的处理和安装

将结蜡管依次用石油醚、蒸馏水、乙醇洗净，放入 100℃ 烘箱中烘干，冷却至室温后称量，精确至 0.01g。然后将结蜡管安装在测定装置中。

3. 实验温度的控制

调节高温室温度，将试液的温度控制在（40±1）℃；调节低温室温度，将结蜡管温度控制在（30±1）℃。

4. 结蜡实验

启动循环泵和搅拌器并开始计时，进行结蜡实验；在运行过程中不断用搅拌器搅拌试液，使其均匀；运行 30min 后关闭循环泵和搅拌器，开启排油阀门放油 5min 后，拆下结蜡

第七章 原油的初步处理与集输

管；竖直将结蜡管放置在烧杯内，静置让油流尽并冷却至室温后称量，精确至0.01g。

5. 倾点测定

参考本章实验三的方法测定加防蜡剂前后原油的凝点。

五、实验记录及数据处理

（1）结蜡实验数据记录入表7-5-1。

表7-5-1 结蜡实验数据记录表

防蜡剂类型		结蜡管质量 m_A，g	结蜡管与蜡沉积物质量 m_B，g	防蜡率，%	凝点，℃
油基防蜡剂	空白				
	样品				
水基防蜡剂	空白				
	样品				

（2）蜡沉积量的计算。

蜡沉积量按公式(7-5-1)计算：

$$m = m_B - m_A \tag{7-5-1}$$

式中 m——蜡沉积质量，g；
　　　m_A——结蜡管的质量，g；
　　　m_B——结蜡管与蜡沉积物的总质量，g。

（3）防蜡率的计算。

防蜡率按公式(7-5-2)计算：

$$f = \frac{m_0 - m_c}{m_0} \times 100\% \tag{7-5-2}$$

式中 f——防蜡率%；
　　　m_0——空白样蜡沉积质量，g；
　　　m_c——加防蜡剂样的蜡沉积质量，g。

（4）比较加入防蜡剂前后原油凝点的变化，分析原因。

六、安全提示及注意事项

（1）充分了解使用仪器、药品、试剂的安全、环境、健康方面的性质和要求，按实验室安全要求做好个人健康、安全防护。

（2）本实验涉及油品、易燃、易挥发物质的使用，实验室禁止使用明火，保持实验室通风良好。

（3）实验中的"三废"物质分类收集，集中处理。

七、思考题

（1）结蜡的原因有哪些？
（2）防蜡剂的作用原理是什么？
（3）防蜡剂为什么会有一定的降凝作用？

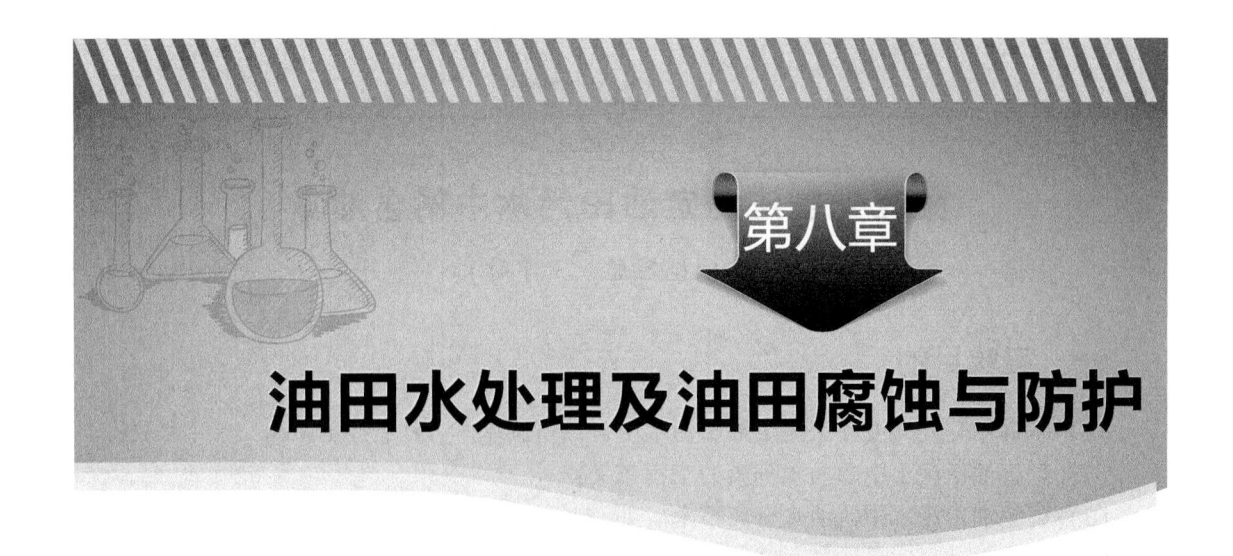

第八章 油田水处理及油田腐蚀与防护

油田进入含水期开发后，产出的含水原油和原油初步处理分离出的水，由于环境的改变，如温度、压力的变化，水中各种无机盐类化合物因热力学不稳定和化学性质不相容性，往往造成油井井筒、地面系统及注水地层的结垢，给生产带来极大的危害。如果在地层和油管内结垢会造成油井产液量下降；如果在设备及管线内结垢，将引起管内流体流量降低、输送压力升高、热交换效率降低、设备和管线的严重腐蚀等问题。油田生产中采出的大量地层水，分离原油后往往还含有少量油以及微小固体颗粒、各种离子、各种化学处理剂，这些物质对设备有腐蚀作用、对环境有污染，因此，必须处理达标后才能回注或排放。油田污水处理工艺设计以及油田水的除垢与防垢剂的合成、优选、评价等工作都以实验数据为参考，相关的实验方法是油田化学工作者应掌握的基本技能。

全世界每年腐蚀报废和损耗金属上亿吨，占钢年产量的 20%~40%。在油气田的开发中，油水井管道和储罐以及各种工艺设备都会遭受严重的腐蚀，造成巨大的经济损失。例如：中原油田的生产系统平均腐蚀速率高达 1.5~3.0mm/a，点蚀速率高达 5~15mm/a。腐蚀还可能引发爆炸、火灾、有害物质泄漏等事故，直接、间接经济损失更是无法估量。因此，研究腐蚀规律、解决腐蚀破坏问题就成为油田生产中需要解决的实际问题。油田设备大多为金属设备，腐蚀主要是金属腐蚀。金属腐蚀按腐蚀机理分为化学腐蚀，电化学腐蚀，物理腐蚀三类。化学腐蚀：金属表面与周围介质直接发生纯化学作用而引起的破坏。例如，金属在非电解质溶液中发生化学反应及金属在高温时氧化等引起的腐蚀。电化学腐蚀：金属表面与离子导电的电介质发生电化学作用而产生的破坏。这类腐蚀是最普遍、最常见的腐蚀，例如，金属在大气、土壤和海水等电解质中发生的腐蚀都属于电化学腐蚀。物理腐蚀：金属由于单纯的物理作用所引起的破坏。许多金属在高温熔盐、熔碱及液态金属中可发生这类腐蚀，例如，盛放熔融锌的钢容器、铁容器被液态锌所溶解而腐蚀。控制腐蚀的方法主要有：正确选用耐腐材料、电化学保护、介质处理、金属表面覆盖层、合理的防腐设计及改进生产工艺流程等。在介质中添加少量能阻止或减缓金属腐蚀的防腐剂或缓蚀剂以保护金属，是经济有效、简单易行的防腐蚀方法之一，也是常用的方法。不论是腐蚀规律研究还是防腐方法研究以及缓蚀剂的研究，都需要用实验方法来确定其腐蚀机理、腐蚀速度、防腐蚀效果等性能和参数。

实验一

分光光度法测定油田污水中的含油量

（基础型实验 3学时）

一、实验目的

（1）掌握用分光光度计法测定油田污水中含油量的基本方法；
（2）理解油田污水中的油水分离的工程意义；
（3）了解油田污水中的油水分离技术。

二、实验原理

油田污水是指在油气田生产过程的各个环节产生的废水，包括各种处理液废水、原油破乳脱水工艺分离出的废水、油井返排液废水及其他工程中收集的混合废水。油田污水中常含有油类，油田污水含油量的分析是油田污水处理工艺设计、处理体系设计、处理剂效果评价的实验基础。本实验通过用溶剂汽油萃取污水中的油质。由于原油有一定颜色，因此，萃取液有一定颜色，且萃取液颜色的深浅与含油量在一定浓度范围内呈线性关系，将萃取液在分光光度计上进行比色，测得吸光度（或浓度），通过计算或在计算机上作图，拟合出工作曲线，在工作曲线上内插或利用拟合公式计算得到污水中的含油量。

三、实验仪器及材料

1. 实验仪器

可见光分光光度计；电热恒温水浴锅，控温精度±1℃；电热套；蒸馏冷却装置；500mL锥形分液漏斗；250mL细口瓶；短颈漏斗；蒸发皿；称量瓶；干燥器；容量瓶；具塞锥形瓶；直管式移液管；量筒；具塞刻度比色管。

2. 实验材料

无铅溶剂汽油；无水硫酸钠、$CaCl_2$、盐酸，分析纯。

四、实验内容及步骤

1. 试剂配制

（1）溶剂油的制备：将市售无色透明的95#或98#无铅汽油装入细口瓶中，加入干燥剂$CaCl_2$以备用。若有颜色，可进行重蒸馏后，再装入细口瓶中加入干燥剂干燥后备用；

（2）无水硫酸钠：在250~300℃烘箱内烘1h，在干燥器中冷却后装瓶备用；

（3）1:1盐酸配制：将一定体积的分析纯浓盐酸加入等体积的纯水中配制成溶液备用。

2. 基准油的制备

基准油采用被测水样中的汽油萃取液制备。取适量油田现场含油废水样于分液漏斗中，加入一定量（视水样中油品含量多少而定，一般以将水样中油块全部溶解为宜）的汽油，加入适量 1:1 盐酸（调 pH=2 左右）。充分振荡并不断放气，静止后分层，收集上层汽油萃取液于锥形瓶中，加入适量无水硫酸钠（加到不再结块为止），加塞后放置 2h 以上脱水。然后用快速定性滤纸过滤上述萃取液，滤液收集于蒸馏瓶中，蒸馏回收大部分汽油，将剩余少量萃取液转入蒸发皿中，在 (80±1)℃的恒温水浴上将其蒸发近干后，趁热转入称量瓶中，放入 (80±1)℃烘箱中烘到恒重。即得到基准油。将其装入棕色小广口瓶中封好盖子放入干燥器中，可保存备用。

3. 基准油贮备液

准确称取基准油 0.5000g，加入少量汽油溶解后转入 500mL 容量瓶内，用汽油稀释到刻度，摇匀，此溶液含油浓度为 1000mg/L。

4. 测量波长的选择

用移液管取基准油贮备液 3.00mL，加入 50mL 具塞刻度比色管，用汽油稀释到刻度，以此样品在不同的波长下测其吸光度，波长范围 350~450nm，每 10nm 测一次，以吸光度对波长作图，以吸光度最大且变化平缓的范围内选择适合的测量波长。

5. 标准曲线的绘制

用移液管分别取基准油贮备液 0.00、0.500mL、1.00mL、1.50mL、2.00mL、2.50mL、3.00mL、3.50mL、4.00mL、4.50mL、5.00mL，加入 11 只 50mL 具塞刻度比色管，用汽油稀释到刻度，此系列标准溶液中的油浓度分别是 0、10mg/L、20mg/L、30mg/L、40mg/L、50mg/L、60mg/L、70mg/L、80mg/L、90mg/L、100mg/L。将标准溶液装入玻璃比色皿中，在分光光度计上分别测其吸光度 E，然后以浓度（mg/L）为横坐标、吸光度为纵坐标，利用计算机绘制浓度（mg/L）—吸光度标准曲线。

6. 吸光系数 K 值的求得

曲线量值法：首先在 Excel 程序绘制出 $C—E$ 的 XY 散点图，然后以直线方程拟合出其趋势线和直线方程的公式，当趋势线通过原点且有 7 个以上点在趋势线时（通过原点和该 7 个点在趋势线上指拟合公式中将 C 值代入后 E 值偏差小于 5% 即可认为满足），认为该趋势线可用，在趋势线中间位置取 E_i 及 C_i 值，用公式(8-1-1)计算出吸光系数 K 值。

$$K=\frac{E_i}{C_i} \tag{8-1-1}$$

7. 样品分析

（1）将已用量筒测量体积的水样仔细移入 500mL 分液漏斗中，加入 1:1 盐酸溶液调 pH=2 左右。用一定量汽油清洗量筒后，将溶液移入分液漏斗中，充分振荡，并不断放气，待水样中油品全部溶解后，静止分层。将水层放出、收集，萃取液转入具塞刻度比色管中。

（2）再次将（1）水样转入分液漏斗中，重复（1）操作，直至萃取后的水样无色为止。记录萃取液的总体积（V_0）。若萃取液颜色较深，可用移液管准确移取适量的萃取液。然后用汽油稀释若干倍。

（3）将被测水样的萃取液装入玻璃比色皿中，以选择好的波长，用汽油作空白溶液在分光光度计上测其吸光度 $E_{样品}$（或 $C_{样品}$）。

（4）取水样体积、汽油用量、萃取液稀释倍数应根据水样含油量的大小调整，要求当用读数为吸光度的分光光度计时，应使其吸光度在 0.10～0.80 之间，当用读数为浓度的分光光度计时，应使其浓度在最大量程的 10%～90% 之间。

五、实验记录及数据处理

（1）波长选择实验数据记录入表 8-1-1。

表 8-1-1　波长选择实验数据记录表

波长，nm									
吸光度									

（2）标准曲线实验数据记录入表 8-1-2。

表 8-1-2　标准曲线实验数据记录表

浓度 mg，mL									样品
吸光度									

（3）废水样品分析实验数据记录入表 8-1-3。

表 8-1-3　废水样品分析实验数据记录表

水样体积 V_w，mL	萃取液总体积 V_o，mL	稀释倍数 n	样品吸光度 $E_{样品}$	水样含油量，mg/L

（4）实验数据处理。

含油量计算公式：

$$C_{样品} = \frac{E_{样品} \cdot V_o}{K \cdot V_w} \times n \tag{8-1-2}$$

式中　$C_{样品}$——被测水样的含油量，mg/L；

　　　$E_{样品}$——被测水样萃取液的吸光度；

　　　V_o——萃取液总体积，mL；

　　　V_w——被侧水样的体积，mL；

　　　K——吸光系数，L/mg；

　　　n——被测水样萃取液稀释倍数（如未稀释则 $n=1$）。

当仪器给出的读数是浓度 $C'_{样品}$ 时，可利用公式 (8-1-3) 计算含油量。

$$C_{样品} = \frac{C'_{样品} \cdot V_o}{V_w} \times n \tag{8-1-3}$$

式中　$C_{样品}$——被测水样的含油量，mg/L；

　　　$C'_{样品}$——从仪器上读出的被测水样萃取液的浓度，mg/L；

　　　V_o——萃取液总体积，mL；

　　　V_w——被侧水样的体积，mL；

　　　n——被测水样萃取液稀释倍数（如未稀释则 $n=1$）。

六、安全提示及注意事项

（1）充分了解使用仪器、药品、试剂的安全、环境、健康方面的性质和要求，按实验室安全要求做好个人健康、安全防护。

（2）本实验使用油品和挥发性有机溶剂，保持室内通风，注意防止火灾；在萃取过程中，由于油品挥发性较大，要及时放气，防止炸伤。

（3）实验中的"三废"物质分类收集，集中处理。

七、思考题

（1）本实验中为什么要用盐酸溶液进行水样的 pH 调节？

（2）本实验方法中，影响准确性的因素有哪些？

（3）为什么在波长选择时要选择吸光度最大且变化平缓的范围内的波长？

实验二

阻垢剂性能评价实验

（综合型实验　4 学时）

一、实验目的

（1）掌握碳酸钙沉积法评价阻垢剂性能的实验方法；

（2）理解油田阻垢的工程意义及阻垢剂的作用原理。

（3）了解不同阻垢剂的阻垢性能。

二、实验原理

以含有一定量碳酸氢根和钙离子的配制水和阻垢剂制备成试液。在加热条件下，促使碳酸氢钙加速分解为碳酸钙沉淀，达到平衡后，过滤分离沉淀后，测定滤液中的钙离子浓度。如果滤液钙离子浓度越大，则表明形成沉淀的钙离子越少，该阻垢剂的阻垢性能越好。

$$HCO_3 + Ca^{2+} \longrightarrow Ca(HCO_3)_2$$
$$Ca(HCO_3)_2 \longrightarrow CaCO_3 \downarrow + H_2O + CO_2 \uparrow$$

三、实验仪器及材料

1. 实验仪器

恒温水浴锅，控温（80±1）℃；分光光度计；容量瓶，锥形瓶，烧杯等常用玻璃仪器。

2. 实验材料

氢氧化钾（KOH），十水四硼酸钠（$Na_2B_4O_7 \cdot 10H_2O$），乙二胺四乙酸二钠（EDTA），盐酸（HCl），钙-羧酸指示剂，溴甲酚绿指示剂，甲基红指示剂，分析纯；1-羟亚乙基-1,1'-二膦酸

（HEDP）阻垢剂或其他阻垢剂，工业品。

四、实验内容及步骤

1. 试剂及配制

（1）氢氧化钾溶液：称取 20g 氢氧化钾，用适量纯水溶解，稀释至 100mL。

（2）硼砂缓冲溶液：pH≈9，称取 3.80g 十水四硼酸钠（$Na_2B_4O_7 \cdot 10H_2O$）溶于水中并稀释到 1L。

（3）乙二胺四乙酸二钠（EDTA）标准滴定溶液：$c_{(EDTA)}$ 约为 0.01mol/L。

（4）盐酸标准滴定溶液：$c_{(HCl)}$ 约为 0.1mol/L。

（5）钙-羧酸指示剂：称取 0.2g 钙—羧酸指示剂[2-羟基-1(2-羟基-4-磺基-1-萘偶氮)-3-萘甲酸]与 100g 氯化钾混合研磨均匀，贮存于磨口瓶中。

（6）溴甲酚绿-甲基红指示液：取 0.1% 甲基红的乙醇溶液 20mL，加 0.2% 溴甲酚绿的乙醇溶液 30mL，摇匀，即得。

（7）阻垢剂试样溶液：将 HEDP 配制成有效浓度为 1.00mL 含 0.500mg HEDP 的水溶液。

2. 碳酸氢钠标准溶液配制与标定

（1）碳酸氢钠标准溶液配制（1mL 约含 18.3mg HCO_3^-）：称取 25.2g 碳酸氢钠置于 100mL 烧杯中，用水溶解，全部转移至 1000mL 容量瓶中，用水稀释至刻度，摇匀。

（2）标定：移取 5.00mL 碳酸氢钠标准溶液置于 250mL 锥形瓶中，加约 50mL 水、3~5 滴溴甲酚绿-甲基红指示液，用盐酸标准滴定溶液滴定至溶液由浅蓝色变为紫色即为终点。

（3）计算：以 mg/mL 表示的碳酸氢根离子（HCO_3^-）的浓度（X_1）按公式(8-2-1)计算：

$$X_1 = \frac{V_1 \cdot c \cdot M}{V} \tag{8-2-1}$$

式中　X_1——碳酸氢根离子（HCO_3^-）的质量浓度，mg/mL；

　　　V_1——滴定中消耗的盐酸标准溶液的体积，mL；

　　　c——盐酸标准滴定溶液的实际浓度，mol/L；

　　　M——碳酸氢根离子（HCO_3^-）摩尔质量，g/mol，M=61.00g/mol；

　　　V——所取碳酸氢钠标准溶液的体积，mL。

3. 氯化钙标准溶液配制与标定

（1）氯化钙标准溶液配制（1mL 约含有 6.0mg Ca^{2+}）：称取 16.7g 无水氯化钙置于 100mL 烧杯中，用水溶解，全部转移至 1000mL 容量瓶中，用水稀释至刻度，摇匀。

（2）标定：移取 2.00ml 氯化钙标准溶液置于 250mL 锥形瓶中，加约 80mL 水、5mL 氢氧化钾溶液和约 0.1g 钙羧酸指示剂，用乙二胺四乙酸二钠标准滴定溶液滴定至溶液由紫红色变为亮蓝色即为终点。

（3）计算：以 mg/mL 表示的钙离子（Ca^{2+}）的浓度（X_2）按公式(8-2-2)计算：

$$X_2 = \frac{V_2 \cdot c \cdot M}{V} \tag{8-2-2}$$

式中　X_2——钙离子（Ca^{2+}）的浓度，mg/mL；

　　　V_2——滴定中消耗乙二胺四乙酸二钠标准滴定溶液的体积，mL；

c——乙二胺四乙酸二钠标准滴定溶液的实际浓度，mol/L；

M——钙离子（Ca^{2+}）摩尔质量，g/mol，$M = 40.08$；

V——所取氯化钙标准溶液的体积，mL。

4. 试样溶液的制备

（1）试液的制备：在 5 个 500mL 容量瓶中加入 250mL 水，用滴定管加入一定体积的氯化钙标准溶液，使钙离子的量为 120mg，用移液管加入阻垢剂试样溶液，使其在 500mL 溶液中浓度分别为 20mg/L、40mg/L、60mg/L、80mg/L、100mg/L，摇匀。然后加入 20mL 硼砂缓冲溶液，摇匀用滴定管缓慢加入一定体积的碳酸氢钠标准溶液（边加边摇动），使碳酸氢根离子的量为 366mg，用水稀释至刻度，摇匀。

（2）空白试液的制备：在另一 500mL 容量瓶中，除不加水处理剂试样溶液外，按 3.(1) 步骤操作。

5. 分析步骤

将试液和空白试液分别置于两个洁净的锥形瓶中，两锥形瓶浸入（80±1）℃的恒温水浴中（试液的液面不得高于水浴的液面），恒温放置 2h。冷至室温后用中速定量滤纸干过滤。各移取 25.00mL 滤液分别置于 250mL 锥形瓶中，加水至约 80mL，加 5mL 氢氧化钾溶液和约 0.1g 钙-羧酸指示剂。用乙二胺四乙酸二钠标准滴定溶液滴定至溶液由紫红色变为亮蓝色即为终点。按式（8-2-2）分别计算空白试液钙离子的浓度 X_3(mg/mL) 和试液钙离子的浓度 X_4(mg/mL)。

6. 分析结果的表述

以百分率表示的阻垢剂的阻垢率 η 按式（8-2-3）计算：

$$\eta = \frac{X_4 - X_3}{X_0 - X_3} \times 100\% \qquad (8\text{-}2\text{-}3)$$

式中 η——阻垢剂的阻垢率，%；

X_3——未加阻垢剂的空白试液实验后的钙离子（Ca^{2+}）浓度，mg/mL；

X_4——加入阻垢剂的试液实验后的钙离子（Ca^{2+}）浓度，mg/mL；

X_0——实验前配制好的试液中钙离子（Ca^{2+}）浓度，mg/mL。

7. 允许差

取平行测定结果的算术平均值为测定结果，平行测定结果的绝对差值不大于 5%。

五、实验记录及数据处理

（1）碳酸氢钠标准溶液标定实验数据记录入表 8-2-1。

表 8-2-1　碳酸氢钠标准溶液标定实验数据记录表

编号	$NaHCO_3$ 溶液用量，mL	盐酸用量，mL	$NaHCO_3$ 溶液的浓度，mg/mL
1			
2			
3			
	平均值		

（2）氯化钙标准溶液标定实验数据记录入表 8-2-2。

表 8-2-2　氯化钙标准溶液标定实验数据记录表

编号	CaCl$_2$ 溶液用量，mL	EDTA 用量，mL	CaCl$_2$ 溶液的浓度，mg/mL
1			
2			
3			
平均值			

（3）阻垢实验数据记录入表 8-2-3。

表 8-2-3　不同阻垢剂用量溶液标定实验数据记录表

阻垢剂加量，mg/L	0	20	40	60	80	100
EDTA 用量，mL						
Ca^{2+} 浓度，mg/mL						
阻垢率，%						

六、安全提示及注意事项

（1）充分了解使用仪器、药品、试剂的安全、环境、健康方面的性质和要求，按实验室安全要求做好个人健康、安全防护。

（2）阻垢剂 HEDP 有一定的腐蚀性，取用时避免黏到皮肤上，如黏到皮肤上，及时用水冲洗。

（3）实验中的"三废"物质分类收集，集中处理。

七、思考题

（1）实验中影响钙离子浓度分析准确性的干扰离子有哪些？
（2）根据该实验基本实验步骤，影响实验数据准确性的因素有哪些？
（3）HEDP 的阻垢机理是什么？

实验三

油田用缓蚀剂的电化学评价

（综合型实验　4 学时）

一、实验目的

（1）掌握电化学分析技术的基本原理、缓蚀剂平价方法和电化学工作站的使用方法；
（2）理解缓蚀剂的作用原理及防腐的工程意义；
（3）了解影响腐蚀速度的因素。

二、实验原理

碳钢在油气田中日常腐蚀过程的本质是电化学反应，主要由腐蚀的阴极过程所控制。在强极化区，将阳极、阴极极化曲线的塔菲尔线性区外推得到的交点所对应的横坐标，即为腐蚀电流密度的对数，以此得到腐蚀电流密度，再根据法拉第定律求得腐蚀速率，由未加和加有缓蚀剂的腐蚀电流密度计算缓蚀率；同时可以根据加药前后腐蚀电位和极化曲线形状的改变，确定缓蚀剂的作用类型。

恒电位法（potentiostatic）或动电位（potentiodynamic）极化法是目前最常使用的电化学分析技术。图 8-3-1 为测量极化曲线原理示意图，其中包括恒电位仪（potentiostat）、工作电极（working electrode，WE）、参考电极（reference electrode，RE）、辅助电极（counter electrode，CE or AUX）。

工作电极推荐加工成直径为 (10.0±0.2)mm、高为 (5.0±0.2)mm 的圆柱体，焊上直径为 1~2mm 的铜导线，用丙酮擦去油污及残留焊药后，将其镶嵌于聚四氟乙烯绝缘块中，再用环氧树脂封住焊点端面。待固化后，用 200#，400#，600#，800# 砂纸依次研磨，再用 W7 金相砂纸将工作面磨至镜面。用无水乙醇棉球擦拭样品表面，然后用无水乙醇冲洗，冷风吹干，测量面积后放入干燥器中备用。

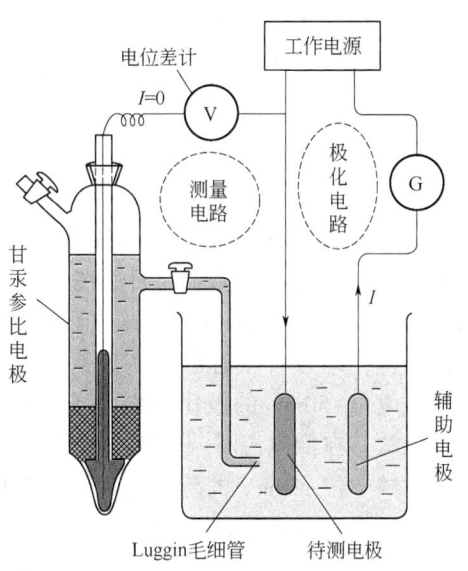

图 8-3-1 测量极化曲线原理示意图

参考电极的功用是量测工作电极在目前环境下的电位，种类有饱和甘汞电极（saturated calomel electrode）、银/氯化银电极（silver-silver chloride）、铜/硫酸铜（copper-copper sulfate）、标准氢电极（standard hydrogen electrode）等，而辅助电极功用为与试片形成回路供电流导通，通常是钝态的材料，如铂金或石墨。整个实验的过程中，输出的电流、电压大小，由恒电位仪（potentiostat）来控制，三电极系统电化学池装置如图 8-3-2 所示。

由恒电位法或动电位极化法记录实验过程中的电位值和电流值的变化情况，可得典型的极化曲线如图 8-3-3 所示，图中曲线可分为阴极极化（cathodic polarization）曲线与阳极极化（anodic polarization）曲线。阴极极化曲线代表氢气的还原：$2H^+ + 2e \longrightarrow H_2$，而阳极极化曲线代表金属（试片）的氧化：$M \longrightarrow M^{n+} + ne$。

阴极极化曲线与阳极极化曲线的交点为金属

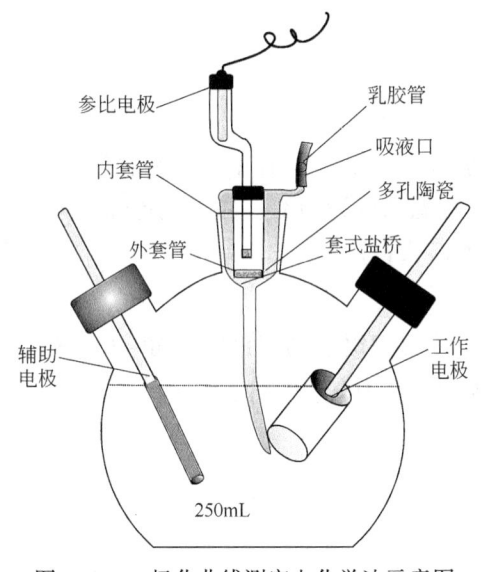

图 8-3-2 极化曲线测定电化学池示意图

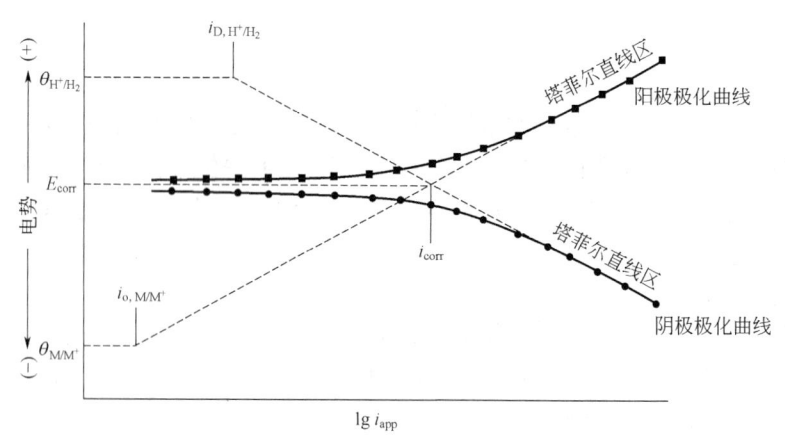

图 8-3-3 理想阴极和阳极极化曲线图

的腐蚀电位（E_{corr}），即为金属开始发生腐蚀的电位；腐蚀电流的求得有两种方法：塔菲尔外插法（Tafel extrapolation）和线性极化法（linear polarization）又称为极化电阻法（polarization resistance）。塔菲尔外插法在腐蚀电位±50mV区域附近，可得一线性区域，称为塔菲尔直线区（Tafel region），阴极与阳极极化曲线的塔菲尔直线区切线（β_a、β_c）交叉点对应的横轴值，即为腐蚀电流（I_{corr}），可代表腐蚀速率。然而，大部分的情况并不是如此单纯，在腐蚀电位±50mV的极化曲线区域，可能不是线性关系，所以可以使用第二种方法——线性极化法。在低电流时，电压与电流的对数有塔菲尔公式的线性关系，而在电流更低时，大约在腐蚀电位±10mV的范围内，外加电压与电流密度也会呈线性关系，可由公式(8-3-1)来表示，由此可求得腐蚀电流（I_{corr}）。

$$R_p = \frac{\Delta E}{\Delta I} = \frac{\beta_a \beta_c}{2.3 I_{corr}(\beta_a + \beta_c)} \tag{8-3-1}$$

式中　R_p——极化电阻，Ω；
　　　β_a——阳极曲线塔菲尔斜率；
　　　β_c——阴极曲线塔菲尔斜率。

三、实验仪器及材料

1. 实验仪器

恒电位仪，精度为0.1mV；辅助电极，石墨电极或Pt电极；参比电极，饱和甘汞电极；盐桥，带鲁金毛细管（饱和KCl溶液）；恒温水浴，控温精度为±1℃；磁力搅拌器，无级调速；250mL四口烧瓶（可用能良好密封的其他玻璃容器代替）。

2. 实验材料

NaCl、HCl、H_2SO_4、无水乙醇、丙酮、纯氮气、油田用缓蚀剂（FMO、OP-10、SIM-1或类似产品）。3% NaCl、0.1mol/L HCl的水溶液。实验过程中电解池用氮气保护。

四、实验内容及步骤

1. 强极化区极化曲线测定

（1）将缓蚀剂溶液按设计质量浓度值用移液管加入电解池中。将工作电极、辅助电极和参比电极装入电解池中,按图 8-3-2 接好装置并调整其相对位置。打开恒电位仪电源开关,进行预热。将一定体积的实验介质加入上述电解池中,通氮气除氧 30min,并将电解池置于已恒温的水浴中,同时用磁力搅拌器搅拌。

(2) 将功能选择置于动电位扫描法(塔菲尔曲线),进行扫描参数设置(图 8-3-4)。扫描幅度为 E_o(开路电位)±100mV,扫描速度为 0.5mV/s,延迟时间为 60s。电解池参数设置如图 8-3-5 所示,用于设定工作电极的面积,材料化学当量,参比电极类型等,这些参数将用于腐蚀参数的计算,待体系的自然腐蚀电位稳定后(5min 内 E_o 波动不超过 ±1mV),即可开侧测量,点击图 8-3-4 中的"确定"按钮即可。

图 8-3-4　极化曲线参数设置窗口　　　　图 8-3-5　电极与电解池参数设置窗口

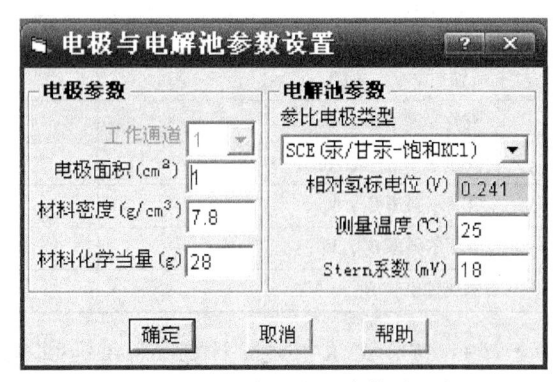

2. 缓蚀剂评价

(1) 不同浓度缓蚀剂的缓蚀率:先在空白溶液中测量一条极化曲线,随后分别加入相同类型、不同浓度的缓蚀剂试液,在相同的测试条件下重新进行塔菲尔曲线测试,然后保存数据并利用软件附带功能计算阴、阳极 Tafel 斜率以及腐蚀电位(E_{corr})、腐蚀电流(I_{corr})、腐蚀速率、极化电阻等参数。

(2) 不同类型缓蚀剂的缓蚀率:先在空白溶液中测量一条极化曲线,随后分别加入相同浓度、不同类型的缓蚀剂试液,在相同的测试条件下重新进行塔菲尔曲线测试,然后保存数据并利用软件附带功能计算阴、阳极 Tafel 斜率以及腐蚀电位(E_{corr})、腐蚀电流(I_{corr})、腐蚀速率、极化电阻等参数。

五、实验记录及数据处理

(1) 记录实验仪器参数设置。不同浓度缓蚀剂的缓蚀率实验数据记录入表 8-3-1。

表 8-3-1　用软件自带数据处理得到的计算结果

参数	缓蚀剂浓度,mg/mL				
缓蚀剂浓度,mg/L					
腐蚀速率,mm/a					
腐蚀电流 I_{corr},A/cm^2					
塔菲尔斜率 β_a,V					

第八章　油田水处理及油田腐蚀与防护

续表

参数	缓蚀剂浓度，mg/mL			
塔菲尔斜率 β_c，V				
自然腐蚀电位 E_{ocp}，V				

（2）不同类型缓蚀剂的缓蚀率实验数据记录入表8-3-2。

表 8-3-2 用软件自带数据处理得到的计算结果

参数	缓蚀剂种类			
缓蚀剂浓度，mg/L				
腐蚀速率，mm/a				
腐蚀电流 I_{corr}，A/cm²				
塔菲尔斜率 β_a，V				
塔菲尔斜率 β_c，V				
自然腐蚀电位 E_{ocp}，V				

（3）按公式（8-3-2）计算同种缓蚀剂不同浓度的缓蚀剂效率和不同类型缓蚀剂相同浓度的缓蚀剂效率。

$$\eta = \frac{I-I'}{I} \times 100\% \tag{8-3-2}$$

式中 η——缓蚀率，%；

I——空白溶液中电极表面的腐蚀电流密度，mA/cm²；

I'——添加缓蚀剂的溶液中电极表面的腐蚀电流密度，mA/cm²。

缓蚀剂类型判定：根据测试的极化曲线形状及腐蚀电位，可判断缓蚀剂是阻滞阴极过程、阳极过程还是同时阻滞了两个过程，从而确定缓蚀剂是阴极型、阳极型还是混合型。图 8-3-6 为几种不同类型缓蚀剂的塔菲尔曲线。图中 1 号缓蚀剂的加入引起阴极极化曲线 1′向负的移动比阳极极化曲线 1 向正的移动大，且 E_{c1} 比 E_{c4} 负（负移>30mV），则1-1′曲线所表示的缓蚀剂阻滞了阴极过程；2 号缓蚀剂的加入引起极化曲线的变化情况正好相反，且 E_{c2} 比 E_{c4} 正（正移>30mV），则2-2′曲线所表示的缓蚀剂阻滞了阳极过程；3 号缓蚀剂的加入使阴、阳极过程的极化曲线都发生了较显著的变化，而 E_{c3} 与 E_{c4} 相比变化不大（在±30mV 之内波动），则 3-3′曲线所表示的缓蚀剂同时阻滞了阴、阳极过程。由此可判断 1 号缓蚀剂是阴极型缓蚀剂，2 号缓蚀剂是阳极型缓蚀剂，3 号缓蚀剂是混合型缓蚀剂。

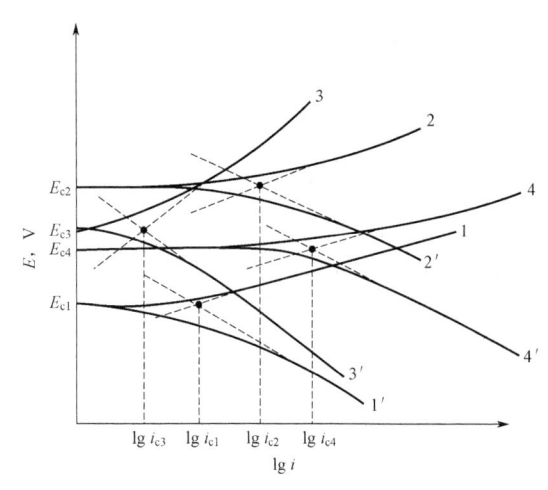

图 8-3-6 不同类型缓蚀剂对电极过程作用示意图

六、安全提示及注意事项

（1）充分了解使用仪器、药品、试剂的安全、环境、健康方面的性质和要求，按实验室安全要求做好个人健康、安全防护。

（2）实验过程中应避免电化学工作站的3个电极直接接触；电极处理（抛光）方法应尽可能保持一致，即尽可能使电极表面处于同一状态。

（3）软件操作可参见仪器使用说明书。

（4）实验中的"三废"物质分类收集，集中处理。

七、思考题

（1）为什么整个装置要用氮气保护？怎样进行氮气保护操作？

（2）为什么要求温度恒定在1℃以内？

（3）为什么本实验要在酸性介质中进行？

实验四

高分子共聚物阻垢剂的合成及阻垢性能评价

（研究型实验 16~20学时）

一、实验目的

（1）掌握油气田化学处理剂研发的完整过程和方法；

（2）理解油气田化学处理剂的分子结构、性质与其工程作用、作用原理之间的逻辑关系；

（3）拓展相关理论知识、巩固实验技能、了解行业发展前沿；

（4）培养学生根据工程实际需求，提出、分析、解决复杂工程问题的能力。

二、研究目标

（1）制备一种高效的碳酸钙阻垢剂；

（2）阻垢率大于95%；

（3）适应温度不小于90℃。

三、参考研究路线

人工合成共聚物水处理剂大多采用自由基聚合的方式合成；能够产生自由基的引发剂如过硫酸铵、过氧化氢、过氧化苯甲酰等引发各种双键单体的聚合，同时，为了有效控制所得产品分子量在一定范围内，还需向聚合体系中加入分子量调节剂。

在共聚物阻垢剂中，不同单体配比聚合所得产品的性能有很大差异。一般地，增加聚合物分子中羧基的密度有利于聚合物阻碳酸钙性能的提高；增加聚合物分子中酯基的密度有利于聚合物阻磷酸钙垢性能的提高；增加聚合物分子中磺酸基团的密度有利于聚合物阻磷酸钙垢、稳定锌盐、分散氧化铁性能的提高。

本实验通过改变丙烯酸、丙烯酸羟丙酯两种单体的配比，合成系列含磷聚合物阻垢剂，并采用静态阻垢的方法考察单体配比对聚合物阻碳酸钙性能的影响。

聚合原理：

$$CH_2=CH + CH_2=CH + NaH_2PO_2 \xrightarrow{引发剂} \sim\sim CH_2-CH-P-CH_2-CH \sim\sim$$

四、实验仪器及材料

1. 实验仪器

集热式磁力搅拌器；三口烧瓶；滴液漏斗；温度计；球形回流冷凝管；容量瓶；锥形瓶；移液管；滴定管。

2. 实验材料

丙烯酸、丙烯酸羟丙酯、过硫酸铵、次磷酸钠、钙指示剂，均为化学纯；其他必要的化学试剂。

五、研究内容

1. 研究内容

（1）文献收集与分析：收集阻垢剂研究的相关文献，进行文献综述，分析其优缺点和发展趋势。

（2）实验方案设计：进行阻垢剂分子结构初步设计、合成实验方案设计、评价实验方案设计、实验记录表设计。

（3）合成实验研究：研究功能单体比例、引发剂用量、反应温度、反应时间等合成条件对阻垢剂性能的影响，优化出最佳合成方案；通过现代分析测试手段表征产品分子结构。

（4）性能评价实验：评价所合成阻垢剂的性能，并与常用的碳酸钙阻垢剂进行比较；分析其作用原理。

（5）研究结果分析：分析各种合成条件对目标阻垢剂的性能的影响规律；根据实验结果分析，提出初步改进思路和建议。

（6）撰写研究报告，进行答辩和交流。

2. 阻垢剂的合成参考实验方法

（1）按图 8-4-1 在集热式磁力搅拌器中安装好洗净干燥的合成实验装置，并将一粒磁力搅拌子加入反应三口烧瓶中。

（2）准确称取 1.50g 次磷酸钠，配制在 48.50g 水中形成质量浓度为 3.00% 的次磷酸钠溶液，将其全部加入三口烧瓶中。

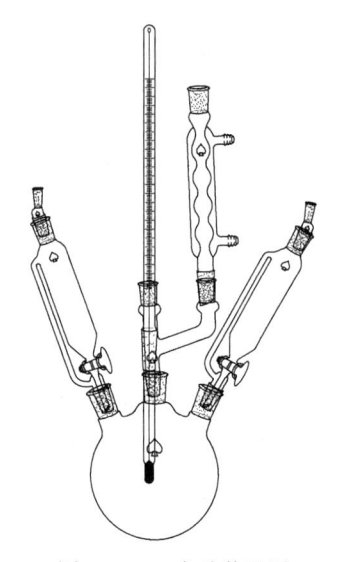

图 8-4-1　实验装置图

（3）准确称取 2.00g 过硫酸铵，配制在 38.00g 水中形成质量浓度为 4.00% 的过硫酸铵溶液，将其全部加入其中一个恒压滴液漏斗中。

（4）称取丙烯酸和丙烯酸羟丙酯各 25.00g，加入纯水 30mL，配制成单体混合溶液，加入另一恒压滴液漏斗中。

（5）将集热式磁力搅拌器的加热控制部分设置到（75±2）℃进行恒温加热，待三口瓶内反应体系温度达到 75℃时，打开两边的恒压加料漏斗活塞以适当的速度向反应体系中滴加，在 1.5~2h 同时滴完，滴加过程中保持体系温度不低于 75℃。

（6）快速向两边恒压加料漏斗中加入 5mL 纯水冲洗其至烧瓶中。立即升温到 85℃后恒温反应 1~1.5h。停止加热，自然冷却后，倒出产品。

3. 阻垢剂性能评价

（1）对合成的产品采用静态碳酸钙沉积法测定其阻垢性能，实验步骤参考本章实验二。

（2）用六偏磷酸钠、HEDP（羟基乙叉二膦酸）采用静态碳酸钙沉积法测定其阻垢性能，比较合成样品的阻垢性能并讨论原因。

六、安全提示及注意事项

（1）充分了解使用仪器、药品、试剂的安全、环境、健康方面的性质和要求，按实验室安全要求做好个人健康、安全防护。

（2）合成实验中涉及高温操作，注意防止烫伤。

（3）实验中的"三废"物质分类收集，集中处理。

七、思考题

（1）聚合物阻垢剂的阻垢原理与六偏磷酸钠、HEDP 有何不同？

（2）聚合物阻垢剂的分子结构对其性能有何影响？

（3）与六偏磷酸钠、HEDP 相比，聚合物阻垢剂有何优缺点？

第九章 创新实验

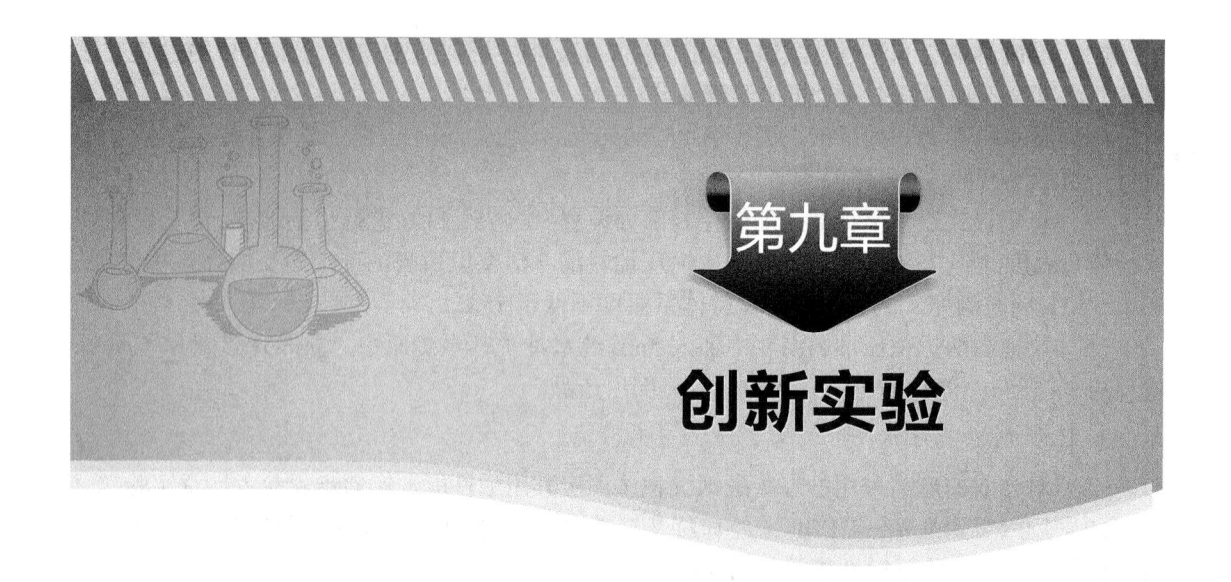

石油、天然气是能源和化工原料的主要来源。随着浅层油气资源的减少，常规油气开发向深层、复杂地层、深海发展，油气开发中面临的条件越来越苛刻、工程越来越复杂；同时，页岩气、页岩油、天然气水合物、煤层气、地热、热干岩等作为油气资源的接替能源和新型清洁能源的开发越来越受到人们的重视，其开发过程中工程难度大，复杂工程问题更多。需要不断创新钻井、完井、开发工艺，这些新工艺必然要使用新的工作液体系和新的油田化学品，因此，开发能适应苛刻条件和复杂工程的新工作液体系和新油田化学品具有重要的意义。新的复杂工程问题是创新的来源和指南，创新性地解决能源开发复杂工程问题，必须以工程要求为依据，以油气田应用化学理论为基础，以高性能、环保、经济为目标，通过理论创新、产品创新、工作液体系创新、工艺过程创新、实验方法创新，才能更好地解决实际工程问题。创新能力培养也是人才培养的重要目标之一，在油气资源开发和其他新型能源开发中，油气田化学品是新工作液体系开发、新工艺实施的关键，因此，本章就目前行业发展趋势，提出了一些油气田应用化学的创新方向和初步思路，供学有余力的学生作为课后进行创新实验的选题参考。

实验一

钻井液抗高温降滤失剂的研制

（创新型实验　60~80学时）

一、实验目的

（1）了解钻井液技术领域发展前沿和趋势；
（2）掌握从现场生产实际需求出发，提出、分析、解决复杂工程问题的基本方法；
（3）学习从资料收集、方案设计、油田化学品合成、性能评价的完整科学研究过程；

（4）培养学生综合创新能力。

二、题目概述

滤失造壁性是钻井液最重要的性能之一。我国深层油气资源潜力巨大，是重要的油气接替领域，但深部油气储层普遍面临高温、超高温的情况，对钻井液的滤失性能控制提出了更高要求；如降滤失剂应具有抗高温能力（大于180℃）、良好的抗盐性、在钻井液体系中的长期稳定性和有效性等。纳米粒子尺寸小、比表面积大、热稳定性强，许多纳米粒子还具有较强的反应活性，在提高钻井液处理剂抗温耐盐性能方面具有巨大的研究价值和应用潜力。

三、研究目标

（1）抗温能力≥180℃；
（2）高温高压滤失量≤10mL；
（3）抗盐能力达到抗饱和NaCl盐水；
（4）综合性能满足行业标准SY/T 7626《水基钻井液用降滤失剂 聚合物类》要求。

四、参考创新思路

以低聚倍半硅氧烷、改性纳米二氧化硅、硅酸镁锂、碳纳米管、石墨烯等纳米材料和丙烯酰胺、丙烯酸及其他抗温抗盐功能单体，通过原位接枝或插层聚合的方法，合成一种抗超高温的杂化降滤失剂，评价其综合性能，通过现代分析测试手段探究其微观作用机理。

五、研究工作要求

（1）开题要求：查阅资料、设计实验方案、写出开题报告、进行开题答辩。
（2）实验研究：研究分子结构（基团比例）、合成条件对产品性能的影响；评价降滤失剂综合性能，探究其微观作用机理。
（3）结题要求：撰写结题报告、进行结题答辩和交流。
（4）成果要求：发表论文一篇或申请发明专利一项。

六、安全提示及注意事项

（1）充分了解使用药品、试剂的安全、环境、健康方面的性质和要求，按实验室安全要求做好个人健康、安全防护。
（2）实验中涉及高温高压操作和高速转动仪器，操作者应对所使用的设备有足够的熟练、正确操作能力，否则应在教师指导下完成，严禁违章操作。
（3）"三废"按要求分类收集，集中处理。

实验二

二维、三维结构超高温油井水泥降失水剂的研制

（创新实验 60~80 学时）

一、实验目的

（1）了解行业领域发展前沿和趋势；
（2）掌握从现场生产实际需求出发，提出、分析、解决复杂工程问题的基本方法；
（3）学习从资料收集、方案设计、油田化学品合成、性能评价的完整科学研究过程；
（4）培养学生综合创新能力。

二、题目概述

油井水泥降失水剂是固井水泥浆"三大"主要外加剂之一。一方面，随着浅层油气资源的枯竭，油气勘探开发向深层、深海、复杂地层发展，井深不断增加，固井面临的地层温度不断升高；另一方面，热干岩、地热等新型清洁能源开发中也面临高温或超高温固井。合成聚合物降失水剂通过高分子的可变形黏弹性吸附层的变形填充作用、增黏作用、吸附分散形成致密滤饼作用、高分子线团的物理堵塞作用和束缚自由水作用达到降低滤饼的渗透率、控制滤失的目的。超高温及水泥浆强碱性条件下，聚合物高分子发生去水化、基团水解脱落、高分子热降解等作用，影响降失水剂的性能。现有降失水剂通常是在线性高分子上引入不同功能基团而形成一维高分子结构，其耐温性不能完全满足超高温条件固井要求。开发高级结构的抗温抗盐的油井水泥降失水剂具有较强的实际应用意义。

三、研究目标

（1）抗温能力≥180℃；
（2）API 失水≤100mL；
（3）抗盐能力达到抗饱和 NaCl 盐水；
（4）综合性能满足行业标准 SY/T 5504.2《油井水泥外加剂评价方法 第 2 部分：降失水剂》要求。

四、参考创新思路

利用碳纳米管、石墨烯、纳米二氧化硅等纳米材料的高温稳定性，在纳米材料的活性点上通过原位聚合的方法，研制一种耐温性强的、二维或三维结构的超高温降失水剂。

五、研究工作要求

（1）开题要求：查阅资料、设计实验方案、写出开题报告、进行开题答辩。
（2）实验研究：研究主要合成条件对产品性能的影响；评价降失水剂综合性能；探究

其微观作用机理。

（3）结题要求：撰写结题报告、进行结题答辩和交流。

（4）成果要求：发表论文一篇或申请发明专利一项。

六、安全提示及注意事项

（1）充分了解使用药品、试剂的安全、环境、健康方面的性质和要求，按实验室安全要求做好个人健康、安全防护。

（2）实验中涉及高温高压操作和高速转动仪器，操作者应对所使用的设备有足够的熟练操作能力，严禁违章操作。

（3）"三废"按要求分类收集，集中处理。

实验三

环保型油井水泥减阻剂的研制

（创新实验 60~80 学时）

一、实验目的

（1）了解行业领域发展前沿和趋势；

（2）掌握从现场生产实际需求出发，提出、分析、解决复杂工程问题的基本方法；

（3）学习从资料收集、方案设计、油田化学品合成、性能评价的完整科学研究过程；

（4）培养学生综合创新能力。

二、题目概述

油井水泥减阻剂是固井水泥浆"三大"主要外加剂之一。萘醛缩合物、磺化醛酮缩合物等油井水泥减阻剂产品，产品生产过程环节污染大；使用过程中残留单体影响人员健康；环境中降解能力弱。传统的减阻剂主要是利用其电荷排斥作用来实现对水泥浆体系的减阻和降黏，其空间位阻效应、水化效应等因素未能充分发挥。开发减阻性能更加优良的环保型减阻剂，减少油气开发中对环境、人体健康带来的影响，具有重要的实际意义。

三、研究目标

（1）抗温能力≥150℃；

（2）有效加量为 0.5%~1.0% 下，水泥浆流变性达到：$n≥0.55$；$K≤0.5Pa·s^n$；

（3）减阻剂毒性：小鼠经口毒性 LD_{50} 值≥2000mg/kg；

（4）黏土絮凝后：COD 值降率≥70%；

（5）综合性能满足行业标准 SY/T 5504.3《油井水泥外加剂评价方法 第 3 部分：减阻剂》要求。

四、参考创新思路

本项目拟以毒性小、可降解性强的不同功能单体组合，通过引入磺酸基增加其电荷性和水化性，开发一种聚羧酸/聚醚类环保型的高效油井水泥减阻剂。

五、研究工作要求

(1) 开题要求：查阅资料、设计实验方案、写出开题报告、进行开题答辩。
(2) 实验研究：研究主要合成条件对产品性能的影响；评价减阻剂综合性能；探究其微观作用机理；评价其环保性能。
(3) 结题要求：撰写结题报告、进行结题答辩和交流。
(4) 成果要求：发表论文一篇或申请发明专利一项。

六、安全提示及注意事项

(1) 充分了解使用药品、试剂的安全、环境、健康方面的性质和要求，按实验室安全要求做好个人健康、安全防护。
(2) 实验中涉及高温高压操作，操作者应对所使用的设备有足够的熟练操作能力，严禁违章操作。
(3) "三废"按要求分类收集，集中处理。

实验四

新型聚合物类油井水泥缓凝剂的研制

（创新型实验　60~80学时）

一、实验目的

(1) 了解行业领域发展前沿和趋势；
(2) 掌握从现场生产实际需求出发，提出、分析、解决复杂工程问题的基本方法；
(3) 学习从资料收集、方案设计、油田化学品合成、性能评价的完整科学研究过程；
(4) 培养学生综合创新能力。

二、题目概述

油井水泥缓凝剂是固井水泥浆"三大"主要外加剂之一。常用的缓凝剂有天然物质改性物，如木质素磺酸盐；多羟基羧酸及其复配，如酒石酸、柠檬酸、葡萄糖酸、1-羟亚乙基二膦酸（HEDP）及其盐的复配物；糖类，如葡萄糖、淀粉、乳糖等。缓凝剂的主要问题：(1) 抗温能力不够强，如HEDP；(2) 受材料来源的影响，其性能不稳定，如木质素类缓凝剂；(3) 加量敏感，如酒石酸、葡萄糖酸；(4) 生产中环境污染大，如HEDP。合成聚合物类缓凝剂是未来缓凝剂的发展方向之一，其优势在于可以通过分子结构、功能基团设计和调控，提高其工程应用性能，避免缓凝剂在生产和应用中环保等问题。

三、研究目标

（1）抗温能力≥150℃；
（2）稠化时间：150℃下≥300min；
（3）加量敏感性：≤25%；
（4）温度敏感性：≤20%；
（5）综合性能满足行业标准 SY/T 5504.1《油井水泥外加剂评价方法 第1部分：缓凝剂》要求。

四、参考创新思路

以毒性小、可降解性强的不同功能单体组合，开发一种聚合物类油井水泥缓凝剂。参考选用的单体有：丙烯酸（AA）、马来酸酐（MA）、2-丙烯酰胺基-2-甲基丙磺酸钠（AMPS）、烯丙基聚氧乙烯醚等。

五、研究工作要求

（1）开题要求：查阅资料、设计实验方案、写出开题报告、进行开题答辩。
（2）实验研究：研究主要合成条件对产品性能的影响；评价缓凝剂综合性能。
（3）结题要求：撰写结题报告、进行结题答辩。
（4）成果要求：发表论文一篇或申请发明专利一项。

六、安全提示及注意事项

（1）充分了解使用药品、试剂的安全、环境、健康方面的性质和要求，按实验室安全要求做好个人健康、安全防护。
（2）实验中涉及高温高压操作和高速转动仪器，操作者应对所使用的设备有足够的熟练操作能力，严禁违章操作。
（3）"三废"按要求分类收集，集中处理。

实验五

压裂用抗温抗盐稠化剂的研制

（创新型实验 60~80 学时）

一、实验目的

（1）了解行业领域发展前沿和趋势；
（2）掌握从现场生产实际需求出发，提出、分析、解决复杂工程问题的基本方法；
（3）学习从资料收集、方案设计、油田化学品合成、性能评价的完整科学研究过程；

（4）培养学生综合创新能力。

二、题目概述

水力压裂是目前油气开采的重要增产措施。压裂液体系中稠化剂是重要的外加剂，其性能好坏关系到水基压裂液的携砂性能、滤失性能及对地层的伤害性能。常用的稠化剂有天然植物胶类、合成聚合物类、纤维素类、生物胶及表面活性剂。

随着我国油气勘探逐步转向深层次油气井，地层温度越来越高，地层破裂压裂也非常高，为了满足这些油气井水力压裂，往往需要形成加重压裂液体系，因此对水力压裂稠化剂的抗温性和抗盐性能要求也越来越高。而现有的稠化剂存在以下问题：（1）抗温能力不足；（2）剪切稳定性差；（3）在高浓度盐水中的增黏效果差。结合现代分子结构设计理论，发展抗温、抗盐压裂用稠化剂是未来水力压裂的方向之一。

三、研究目标

（1）抗温能力 $\geqslant 150℃$；
（2）抗剪切性能：$T \geqslant 150℃$，在 $170s^{-1}$ 剪切速率下剪切 2h 黏度大于 $50mPa \cdot s$；
（3）综合性能满足行业标准 SY/T 6214《稠化酸用稠化剂》。

四、参考创新思路

选用生物毒性低、抗温性单体、抗盐性单体组合，采用高分子聚合方法制备稠化剂。参考选用的单体有丙烯酰胺（AM）、丙烯酸（AA）、2-丙烯酰胺基-2-甲基丙磺酸钠（AMPS）、乙烯基吡咯烷酮（NVP）、二甲基-二烯丙基氯化铵等。

五、研究工作要求

（1）开题要求：查阅资料、设计实验方案、写出开题报告、进行开题答辩。
（2）实验研究：研究主要合成条件对产品性能的影响；评价压裂液稠化剂综合性能；探究其抗温和增黏微观机理。
（3）结题要求：撰写结题报告、进行结题答辩和交流。
（4）成果要求：发表论文一篇或申请发明专利一项。

六、安全提示及注意事项

（1）充分了解使用药品、试剂的安全、环境、健康方面的性质和要求，按实验室安全要求做好个人健康、安全防护。
（2）实验中涉及高温高压操作和高速转动仪器，操作者应对所使用的设备有足够的熟练操作能力，严禁违章操作。
（3）"三废"按要求分类收集，集中处理。

实验六

酸化用抗温稠化剂的研制

（创新型实验　60~80学时）

一、实验目的

（1）了解行业领域发展前沿和趋势；
（2）掌握从现场生产实际需求出发，提出、分析、解决复杂工程问题的基本方法；
（3）学习从资料收集、方案设计、油田化学品合成、性能评价的完整科学研究过程；
（4）培养学生综合创新能力。

二、题目概述

酸化是目前油气开采的增产措施之一。其中酸液配方中稠化剂是重要的外加剂，其性能好坏关系到酸液体系滤失性能、缓速性及对地层的伤害性能。常用的酸液稠化剂有天然植物胶类、合成聚合物类、生物胶及表面活性剂。

随着我国油气勘探逐步转向深层次油气井，地层温度越来越高，特别是碳酸盐岩储层的增产改造往往需要采用酸化压裂的措施。为了保证酸压中酸液的有效裂缝长度和酸液的有效作用距离，往往需要酸液体系在高温条件下具有一定的黏度来保证酸液体系的低滤失、缓速的性能。其中酸液中的稠化剂的性能至关重要。而现有的酸液稠化剂存在以下问题：（1）抗温能力不足；（2）剪切稳定性差；（3）破胶后残渣含量高。结合现代分子结构设计理论、发展抗温酸化用稠化剂是未来碳酸盐岩酸化压裂的方向之一。

三、研究目标

（1）抗温能力：$T \geq 90℃$；
（2）增黏能力：稠化剂加量2.0%左右，常温酸液体系黏度$\geq 100 mPa \cdot s$；
（3）抗剪切性：稠化剂加量2.0%，在$170 s^{-1}$剪切速率下剪切2h，酸液黏度$\geq 25.0 mPa \cdot s$；
（4）缓蚀性能，N80钢材，腐蚀速率（90℃静态）$\leq 5.0 g/(m^2 \cdot h)$。

四、参考创新思路

选用生物毒性低、抗温性单体组合，采用高分子聚合方法制备稠化剂。参考选用的单体有：丙烯酰胺（AM）、丙烯酸（AA）、马来酸酐（MA）、2-丙烯酰胺基-2-甲基丙磺酸钠（AMPS）、甲基丙烯酰氧乙基三甲基氯化铵（MAXTAAC）等。

五、研究工作要求

（1）开题要求：查阅资料、设计实验方案、写出开题报告、进行开题答辩。
（2）实验研究：研究主要合成条件对产品性能的影响；参考相关行业标准评价酸液稠

化剂综合性能。

(3) 结题要求：撰写结题报告、进行结题答辩。
(4) 成果要求：发表论文一篇或申请发明专利一项。

六、安全提示及注意事项

(1) 充分了解使用药品、试剂的安全、环境、健康方面的性质和要求，按实验室安全要求做好个人健康、安全防护。

(2) 实验中涉及高温高压仪器设备、强腐蚀性流体的操作，操作者应对所使用的设备有足够的熟练操作能力，严禁违章操作。

(3) "三废"按要求分类收集，集中处理。

实验七

体膨型堵水剂的研制

（创新型实验　60~80学时）

一、实验目的

(1) 了解行业领域发展前沿和趋势；
(2) 掌握从现场生产实际需求出发，提出、分析、解决复杂工程问题的基本方法；
(3) 学习从资料收集、方案设计、油田化学品合成、性能评价的完整科学研究过程；
(4) 培养学生综合创新能力。

二、题目概述

堵水、调剖是注水开发过程重要的油层改造措施。通过各种手段有效堵塞高渗透地层孔隙是堵水、调剖成果的关键。有一定粒径的体膨型颗粒具有进入性好、可变形智能填充、抗温抗盐、深度堵水调剖、有效期长等优点，是堵剂研究的热点和方向之一。

一般的体膨型堵剂吸水曲线如图 9-7-1 所示，从图可以看出，其吸水主要发生在 0~2h 之内，这段时间正好是大部分井施工的管内注入时间，一方面，其大量吸水会造成注入困难；另一方面，其堵水或调剖效果主要依靠体膨型颗粒在地层中吸水膨胀形成的嵌入阻力，如果在地面和施工的管内注入阶段体积膨胀基本结束，则在地层中膨胀余地小，其封堵能力会大大下降。因此，为提高堵剂的封堵效果，必须改变其吸水特性，让更多的体积膨胀在地层中进行，即使其吸水曲线尽量符合图 9-7-2 的特点。堵剂的开发中可以通过调整亲水单体的含量和交联剂用量使其吸水曲线特性改变，使其尽可能接近图 9-7-2 的特点。

三、研究目标

(1) 粒径：1.0~5.0μm；
(2) 吸水倍数（膨胀倍数）≥100；

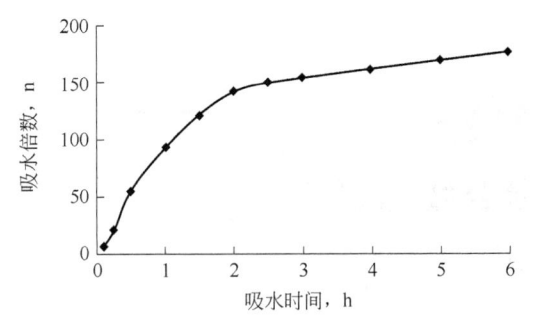

图 9-7-1 普通体膨型堵水剂的吸水曲线

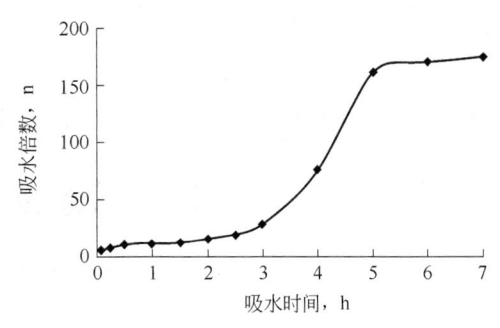

图 9-7-2 理想体膨型堵水剂的吸水曲线

（3）吸水特性：吸水倍数达到 50 的时间 ≥4h；
（4）封堵效率效率 ≥90%；
（5）抗温能力 ≥120℃；
（6）抗盐能：矿化度 ≥10^5mg/L。

四、参考创新思路

（1）以丙烯酸和丙烯酰胺为主要单体，以 2-丙烯酰胺基-2-甲基丙烷磺酸钠为抗温抗盐单体，以 N,N'-亚甲基双丙烯酰胺为交联剂，采用胶态聚合方法或乳液聚合法，合成一种颗粒体膨型堵水剂。

（2）以超细 SiO_2 或纳米 SiO_2 为内核；在其表面接枝活性双键单体，通过其他功能单体在其表面接枝共聚适度交联的聚合物。

（3）以黏土为内核，在其层间插入活性双键单体，通过其他功能单体在其表面接枝共聚适度交联的聚合物。

（4）将磁性 Fe_3O_4 与其他纳米材料结合形成内核，在其表明接枝聚合适度交联的聚合物。

五、研究工作要求

（1）开题要求：查阅资料、分子结构和实验方案的设计、撰写开题报告、进行开题答辩。
（2）实验研究：研究主要合成条件对产品性能的影响；评价其综合性能；探究其微观作用机理。
（3）结题要求：撰写结题报告、进行结题答辩和交流。
（4）成果要求：发表一篇论文或申请一项发明专利。

六、安全提示及注意事项

（1）充分了解使用药品、试剂的安全、环境、健康方面的性质和要求，按实验室安全要求做好个人健康、安全防护。
（2）实验中涉及高温高压操作，操作者应对所使用的设备有足够的熟练操作能力，严禁违章操作。

（3）"三废"按要求分类收集，集中处理。

实验八

驱油用超支化聚合物的研制

（创新型实验　60~80学时）

一、实验目的

（1）了解行业领域发展前沿和趋势；
（2）掌握从现场生产实际需求出发，提出、分析、解决复杂工程问题的基本方法；
（3）学习从资料收集、方案设计、油田化学品合成、性能评价的完整科学研究过程；
（4）培养学生综合创新能力。

二、题目概述

油田用常规聚合物如部分水解聚丙烯酰胺，在高温高盐条件易发生分子链降解，稳定性差。研究与开发适用于高温高盐油藏的水溶性驱油剂是油田开发的迫切需求。引入功能单元、改变线性聚合物分子主链的构型形成超分子结构，能提高聚合物的性能。具有三维网络结构的超支化聚合物是继线性聚合物、交联聚合物和支化聚合物之后的第四代高分子聚合物，在油田应用上表现出明显的优势。

三、研究目标

（1）溶解时间：纯水中溶解时间≤100min；
（2）增黏能力：常温下，纯水中聚合物浓度为0.15%时，水溶液黏度≥100mPa·s；
（3）抗温能力：纯水中聚合物浓度为0.15%时，120℃保温2h，黏度保留≥50mPa·s；
（4）抗盐能：矿化度≥10^5mg/L，聚合物浓度为0.20%时，溶液黏度≥100mPa·s。

四、参考创新思路

（1）利用A~B2或A~B3型活性单体，其中，A、B为活性部分，可以相互发生反应，通过A、B进行多次反应，形成超支化聚合物。原理如图9-8-1所示（其中"~"代表继续反应链）。

（2）利用具有"多活性点的核A"结构物质，与活性单体B（B可以是一种或两种及两种以上的不同的功能单体）进行反应形成超支化聚合物，"多活性点的核"结构物质有淀粉、环糊精、微细或纳米级活性二氧化硅、活性插层微细或纳米级粒子等。原理如图9-8-2所示（其中"～"

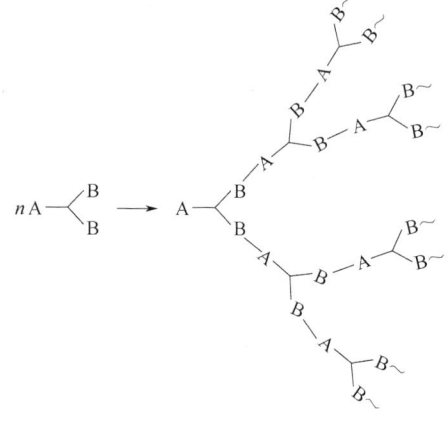

图9-8-1　A~B2型单体超支化聚合物反应原理图

代表 B 形成的聚合物)。

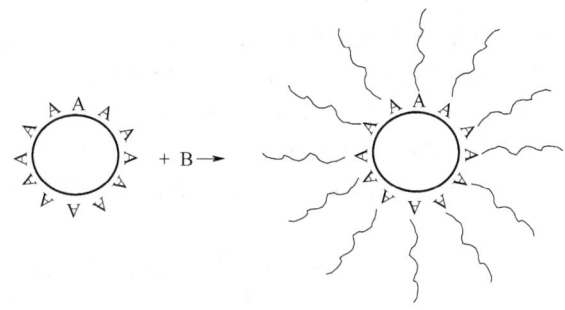

图 9-8-2 "多活性点的核"超支化聚合物反应原理图

五、研究工作要求

(1) 开题要求：查阅资料、分子结构和实验方案的设计、撰写开题报告、进行开题答辩。

(2) 实验研究：研究主要合成条件对产品性能的影响；评价其综合性能；探究其微观作用机理。

(3) 结题要求：撰写结题报告、进行结题答辩和交流。

(4) 成果要求：发表一篇论文或申请一项发明专利。

六、安全提示及注意事项

(1) 充分了解使用药品、试剂的安全、环境、健康方面的性质和要求，按实验室安全要求做好个人健康、安全防护。

(2) 实验中涉及高温高压操作，操作者应对所使用的设备有足够的熟练操作能力，严禁违章操作。

(3) "三废"按要求分类收集，集中处理。

参考文献

[1] 严思明，陈馥，韩利娟．油田应用化学实验教程［M］．北京：化学工业出版社，2011．

[2] 张孝华，罗兴树．现代钻井液实验技术［M］．东营：石油大学出版社，1999．

[3] 陈大钧，陈馥．油气田应用化学［M］.2版．北京：石油工业出版社，2015．

[4] 王承俊．植物油改性钻井液润滑剂的合成与性能研究［J］．山东化工，2022，51（7）：7-9．

[5] 严思明，杨珅，王富辉，等．新型耐高温油井降失水剂的合成与性能评价［J］．石油学报，2016，37（5）：672-679．

[6] 严思明，王富辉，高金，等．油井水泥缓凝剂BH作用机理研究［J］．钻井液与完井液，2015，32（2）：64-66，71．

[7] 严思明，王柏云，张长思，等．油井水泥减阻剂ASM的合成及性能研究［J］．精细石油化工进展，2012，13（7）．

[8] 侯帆．清洁变粘酸稠化剂十八烷基酰胺甜菜碱的合成及配方研究［D］．成都：西南石油大学，2011．

[9] 徐浩，李百莹，刘全刚，等．耐剪切聚合物调剖技术研究及应用［J］．辽宁化工，2022，51（4），549．

[10] 赖南君，梅雪，郭方元，等．绿色交联可动凝胶在油田调剖堵水中的应用［J］．钻采工艺，2012，35（3）：36-39．

[11] 伍家忠，王东海，张国荣，等．筛网系数法评价胶态分散凝胶［J］．湖北化工，2001（4），29-30，48．

[12] 张文艺，陈萍，李文昱，等．膦酰基阻垢剂PMAAAP的制备及其阻垢性能［J］．精细化工，2015，32（7）：778-783．

[13] 赖南君，张艳，赵旭斌，等．超支化聚合物在多孔介质上的吸附滞留特征［J］．化学研究与应用，2016，28（3）：360-365．